JN298705

厚生労働省認定教材	
認 定 番 号	第59051号
認 定 年 月 日	平成10年9月28日
改定承認年月日	平成23年2月9日
訓 練 の 種 類	普通職業訓練
訓 練 課 程 名	普通課程

改訂
植物学概論

Prunus × yedoensis Matsumura

独立行政法人 高齢・障害・求職者雇用支援機構
職業能力開発総合大学校 基盤整備センター 編

はしがき

　本書は職業能力開発促進法に定める普通職業訓練に関する基準に準拠し，「園芸サービス系」系基礎学科「植物学概論」のための教科書として作成したものです。
　作成に当たっては，内容の記述をできるだけ平易にし，専門知識を系統的に学習できるように構成してあります。
　本書は職業能力開発施設での教材としての活用や，さらに広く園芸サービス分野の知識・技能の習得を志す人々にも活用していただければ幸いです。
　なお，本書は次の方々のご協力により作成したもので，その労に対して深く謝意を表します。

<監修委員>

　　端 山 重 男　　元東京農業大学

<改定執筆委員>

　　伊 東 　 豊　　東京農業大学成人学校
　　桝 田 信 彌　　東京農業大学

　　　　　　　　（委員名は五十音順，所属は執筆当時のものです）

平成２３年３月

　　　　　　　　　　　　　独立行政法人 高齢・障害・求職者雇用支援機構
　　　　　　　　　　　　　職業能力開発総合大学校 基盤整備センター

目次

はじめに …………………………………………………………………… 1

第1章　植物の体のつくりと働き ……………………………… 3
第1節　植物の体と働き…………………………………………… 3
第2節　細胞のつくりと働き……………………………………… 6
2.1　細胞の多様性 ………………………………………… 6
2.2　真核細胞のつくりと働き …………………………… 7
第3節　組　織……………………………………………………… 9
3.1　細胞分裂能力の有無による区分 …………………… 9
3.2　細胞壁の厚さ（性質）による区分 ………………… 10
3.3　組織の働きによる区分 ……………………………… 11
第4節　組織系……………………………………………………… 13
第5節　器　官……………………………………………………… 14
5.1　シュート（苗条）…………………………………… 14
5.2　根 ……………………………………………………… 15
5.3　茎 ……………………………………………………… 19
5.4　葉 ……………………………………………………… 23
5.5　花 ……………………………………………………… 33
5.6　種子 …………………………………………………… 41
5.7　果実 …………………………………………………… 42

学習のまとめ ……………………………………………………… 47
練習問題 …………………………………………………………… 49

第2章　植物の生活 ……………………………………………… 55
第1節　植物の生理………………………………………………… 55
1.1　植物の一生 …………………………………………… 55
1.2　植物の生活を支える働き …………………………… 71
1.3　植物と水 ……………………………………………… 78
1.4　植物と無機養分 ……………………………………… 80
1.5　植物と災害 …………………………………………… 84

目次 2

第2節　植物の生態 …………………………………… *89*
 2.1　植物集団の構成員としての種 ……………… *90*
 2.2　植物の集団 …………………………………… *95*
 2.3　植物と環境 …………………………………… *97*
 2.4　植物群落の遷移 ……………………………… *111*
 2.5　植物群落の分布 ……………………………… *116*
 2.6　生態系 ………………………………………… *123*
学習のまとめ ………………………………………………… *131*
練習問題 ……………………………………………………… *135*

練習問題の解答 ……………………………………………… *141*
索　引 ………………………………………………………… *145*

はじめに

　私達の住んでいる地球上に原始の生命が誕生したのは，今から40億年〜38億年前であろうといわれている。最初に最も簡単なつくりをした原核生物が現れ，その後21億年〜17億年前に細胞のつくりが複雑な真核生物が出現し，10億年くらい前に，より複雑な体のつくりをした多細胞生物が現れた。そして生物は水中から陸上に生活を広げさらに進化を続けて多様化し，現在に至っている。このように地球上に誕生した生命は絶えることなく現在まで連綿として受け継がれ，長い歴史を刻んできた。現在，陸上植物（コケ植物・シダ植物・裸子植物・被子植物）だけでも30万種が地球上で生活しているといわれている。この陸上植物は環境とかかわりあいながら，生態系を形成維持し，長い年月にわたって生活を営んできたのである。

　本書は，特に陸上植物の中で最も進化し，体のつくりも複雑で，人の生活と密着している被子植物の生活を中心に据えて述べている。第1章では生活の本体である植物の体がどのようなつくりをし，それが生活とどのようなかかわりを持っているのかを理解し，第2章では，その体の中で生きていくためにどのような生理的な営みが行われ，さらにその生活が環境とどのような結びつきをもって維持され，また，植物の社会を形成しているのかを学ぶ。それらを理解することによって，植物の生活についての考えを深めていただきたい。

第1章

植物の体のつくりと働き

　地球上で生活している植物は30万種以上といわれ，その形も多種多様である。植物は約4億年前のシルル紀末期に水中から陸上に進出し，陸上生活を始めた。最初の植物は緑藻類の一部で，湿地で生活し，単純な構造であった。やがて，そのうちの一部のものに表皮細胞（クチクラ層）が分化して体内の水分保持ができるようになり，新しい環境に適応して陸上生活が可能になった。

　植物はその後長い進化の歴史のなかで，体制は複雑化して陸上生活に適した体（維管束の発達・根・茎・葉・種子形成・子房壁の発達）と，さまざまな生育地の環境のもとで生活していくのに都合のよい体をつくり出してきた（適応）。

　このような多種多様な植物の中から我々が個々の植物を認識（区別）するのは，それぞれの植物が持つ独特な形（外部形態）の違いによっている。また，植物には特有の体のつくりがあって，体のつくり（構造）と働き（機能）の総和として植物が存在している。植物の体がどのようなつくりで，どのような働きをしているかを知ることは，植物の生活を理解するための基礎として重要なことである。

第1節　植物の体と働き

　植物を系統によって分ける基準はいくつかあるが，植物の体制から見た呼び名で，水や養分の通路である維管束を持たず体のつくりが単純な**葉状植物**｛無維管束植物：藻類，菌類，コケ植物（蘚類，苔類）｝と，維管束を持ち体のつくりが複雑な**維管束植物**｛シダ植物，種子植物（裸子植物，被子植物）｝に大別できる。

　維管束植物の体のつくりは，維管束やいろいろな組織からつくられた器官からできている。植物の基本的な器官には，根と茎と葉があり，これらを総称して**栄養器官**という。

　生殖器官として花があるが，花は葉と茎が変化したもので，基本的な器官として区別することはない。

また，藻類の一部やコケ植物の体は一見すると根や茎や葉に見えるが，維管束を持たないため図1－1に示すように，仮根・仮茎・仮葉又は葉状体という。本当の根・茎・葉からなる植物体は，茎葉体（茎葉植物）と呼ばれ区別されている[*1]。

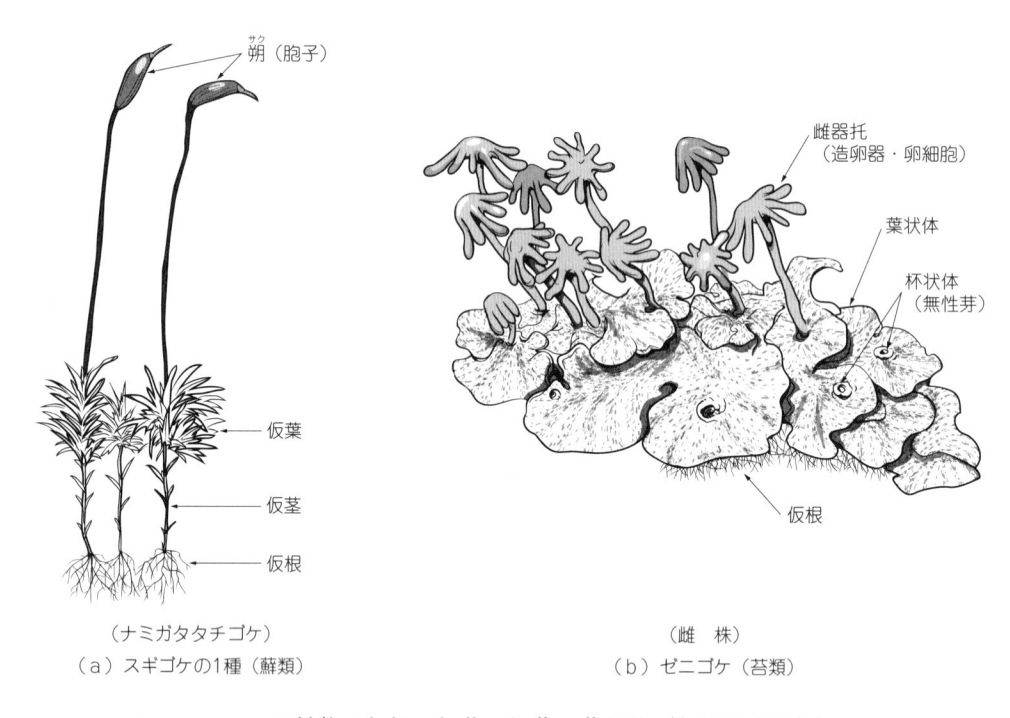

（a）スギゴケの1種（蘚類）（ナミガタタチゴケ）
朔(サク)（胞子）
仮葉
仮茎
仮根

（b）ゼニゴケ（苔類）（雌株）
雌器托（造卵器・卵細胞）
葉状体
杯状体（無性芽）
仮根

図1－1　コケ植物の仮根・仮茎・仮葉と葉状体（無維管束植物）

植物の器官は次のような働きをしている（図1－2）。

（1）根

根は，普通植物体の地下部にあって広がり，体を固定し，植物の地上部を支え，地中の水や**無機養分**[*2]を吸収し，物質の通導を行う。また，同化物質（養分）の貯蔵器官となっているものが多い。

（2）茎

茎は，普通植物体の地上部にあって葉や花などを支え，根で吸収された水や無機養分，葉でつくられた同化物質の通導に役立つ。また，貯蔵器官となるものもある。

（3）葉

葉は茎に規則的に配列し，普通扁平(へんぺい)な形で，光合成を行って炭水化物をつくり，それを

[*1] 根・茎・葉という器官は維管束を持っていることが条件となっている。
[*2] **無機養分**：第2章第1節1.4植物と無機養分の項（80ページ）参照

材料としてタンパク質，脂肪などを合成する。また，ガス交換（CO_2，O_2）や蒸散作用[*1]など生理的に重要な働きをしている。葉が変態[*2]して構造や機能も多様で植物体の保護や貯蔵器官となっているものもある。

（4）花・果実・種子

個体の寿命には限度がある。そのため種子植物では花が咲き，やがて果実ができて，その中に種子という後継者をつくり，子孫の生命が維持されている。

以上（1）〜（4）に述べたこれらの器官は，環境に適応してさまざまな形をしており，外見上は異なっているが，共通の特徴は体が細胞でつくられていることである。

すべての植物は細胞から成り立ち，細胞は植物体の構造と機能の基本となる最小の単位で，生命の基本単位となっている。細胞が集まって組織をつくり，いくつかの組織から組織系がつくられ，それらが集まって器官を形成し，組織・器官がまとまり1つの有機的な植物体（個体）を構成している。植物が順調に成長しているということは，個々の細胞が活発に生命活動を営み，それらの働きの総和として具体的に現れたものである。

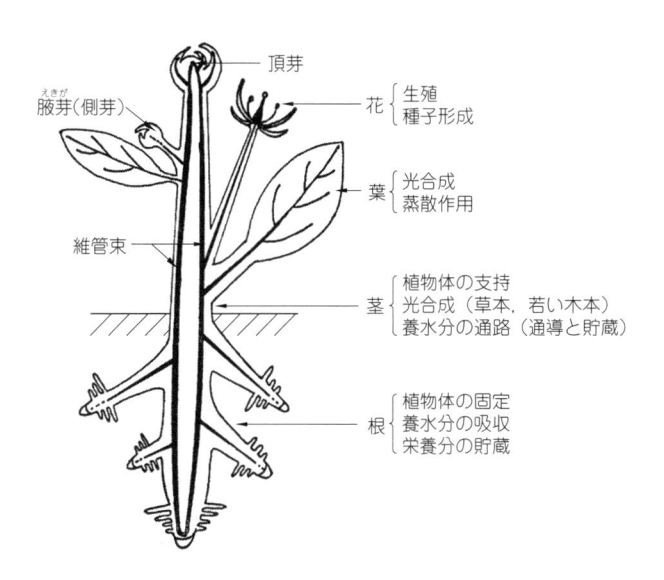

図1-2　維管束植物の器官と主な働き

[*1] 蒸散作用：植物体内の水が植物体の表面から水蒸気として空気中に排出される現象。蒸散作用は主として気孔を通じて行われる（気孔蒸散という）が，一部クチクラ化した表皮細胞を通じても行われる（クチクラ蒸散という）。
[*2] 変　態：通常の形と著しく異なり，その形が種類として固定しているもの。

第2節　細胞のつくりと働き

　一般に細胞の定義は「普通1個の核を持ち，他から区画された原形質の塊」とされているが，明確な核を持たない細菌や多核の細胞も見られ，定義としては漠然としている。実際に植物の体は，形やつくり，働きの異なる細胞からつくられているが，ここでは主に細胞の基本的なつくりといろいろな生命現象を特徴づける働きについて述べる。

2.1　細胞の多様性

　細胞にはさまざまなものが見られ，多様性に富んでいる。

(1)　個体のなりたちと細胞

　1個の細胞が独立して生活を営んでいるものを単細胞生物といい，細菌・ラン藻・ケイ藻・緑藻のクラミドモナス・ミドリムシなどがこれに含まれる（図1-3）。

　また，1個体が多数の細胞から構成されているものを多細胞生物といい，一般的に体の大きい生物ほど細胞数が多く，ヒトの体は約60兆個の細胞からつくられている。

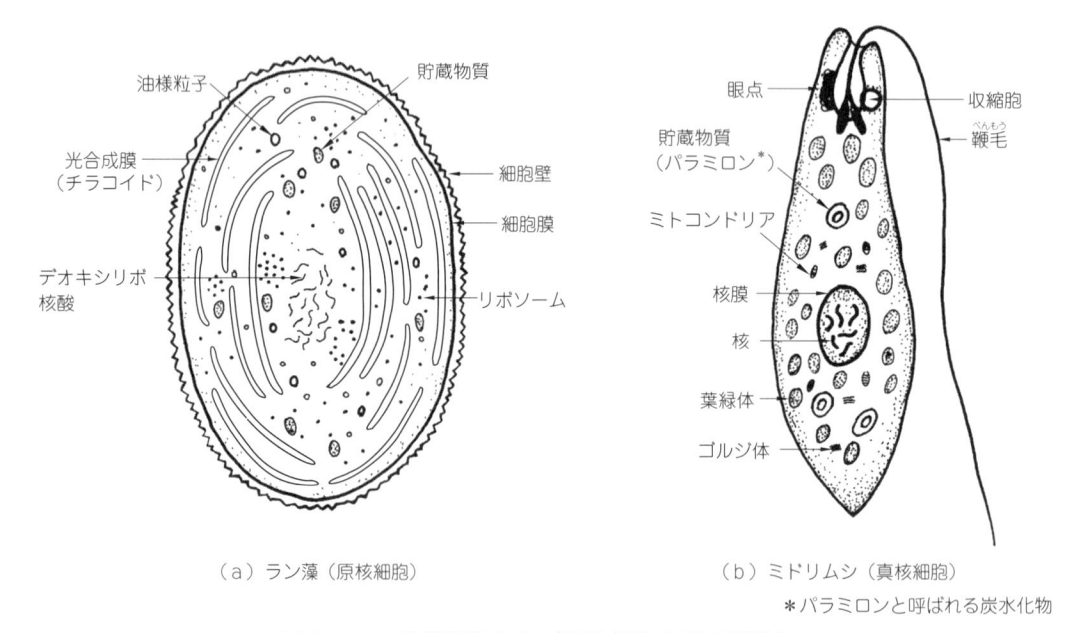

図1-3　雑単細胞生物（原核細胞と真核細胞）

(a)　ラン藻（原核細胞）
(b)　ミドリムシ（真核細胞）
＊パラミロンと呼ばれる炭水化物

(2)　原核細胞と真核細胞

　細菌やラン藻の細胞のように核膜で囲まれた明瞭な核を持たない細胞を原核細胞（原核

生物）という。明瞭な核を持つ細胞を真核細胞（真核生物）といい（図1－3（b）），細菌やラン藻を除いたほとんどの生物はこれに当たる。

原核細胞の特徴は，核膜がなく**遺伝子**[*1]｛デオキシリボ核酸（DNA）[*2]｝は細胞質中に存在している。細胞は真核細胞より小さく構造は簡単で，リボソームは存在するが，ミトコンドリア・小胞体・葉緑体・ゴルジ体などがない。

2．2　真核細胞のつくりと働き

細胞は，生命活動を行っている**原形質**と，その働きでつくり出された**後形質**からできている。原形質は核と細胞質とからなる。細胞質は**細胞膜**で包まれ，ミトコンドリア・小胞体・ゴルジ体・リソソーム，また，植物細胞では葉緑体など一定の働きをする微細構造が見られ（これらは核を含めて細胞小器官と呼ばれている），その間を液状の**細胞質基質**が埋めている。後形質には細胞膜の外側を包んでいる細胞壁（動物細胞では量が少なく細胞外被という。）や液胞・細胞内含有物がある（図1－4）。

核　普通，1つの細胞に1個存在し，核膜（二重膜）で包まれ，内部に遺伝子｛デオキシリボ核酸（DNA）｝を含む染色質（染色糸）と核小体（仁）があり，その間を核液が埋めている。

核は，その中にある遺伝子（DNA）

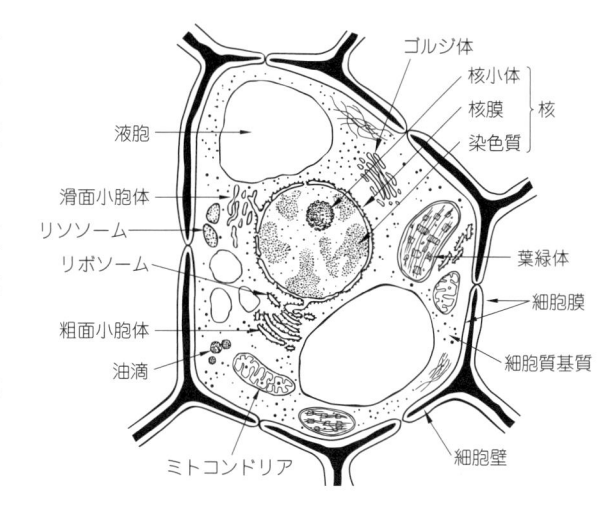

図1－4　真核細胞の模式図（植物）

の働きによって細胞全体の生命活動の中心（コントロールセンター）として各細胞小器官の働きを統制し，遺伝的な形質（形と性質）を決めたり，細胞分裂などの重要な働きをしている。

細胞膜　細胞質の最外層をつくっている膜で，細胞の外側と内側を仕切るとともに，物質の出入りの調節や刺激の受け入れ，情報の伝達などに重要な働きをしている。

細胞質基質　いろいろな酵素をつくるタンパク質と水分が主成分で，解糖系や発酵に関係する酵素を含み，解糖や発酵などの無気呼吸の場となっている。

[*1] **遺伝子**：遺伝とは親の形質（形や性質）を子に伝える働きで，遺伝子は遺伝情報を担っている因子。
[*2] **デオキシリボ核酸（DNA）**：遺伝子の本体で遺伝情報を持つ。タンパク質合成や形質発現に関係する。

ミトコンドリア 内外2層の膜からなり，内膜は内部に突出して，くしの歯状となっており，これをクリステという。内部に液状のマトリックス（基質）がある。植物は生命活動を維持するためには多大なエネルギーを必要とするが，その大部分のエネルギーはミトコンドリア（図1-5）で行われている酸素呼吸によってつくり出されている。

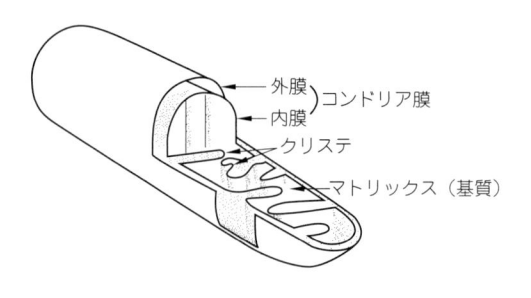

図1-5 ミトコンドリア

また，DNAを持ち，分裂によって増える。

リボソーム 大小2つの粒子からなる顆粒で，リボ核酸（RNA）とタンパク質からなる細胞内のタンパク質合成の場である。

小胞体 袋状の構造物で，膜表面にリボソームがついた粗面小胞体と，ついていない滑面小胞体があり，粗面小胞体はタンパク質合成，滑面小胞体は脂質の合成に関与している。

ゴルジ体 扁平な袋状の構造が数層重なったもので，小胞体からタンパク質を受け取り，糖などを付け加えて濃縮し，合成した分泌物質を一重の膜で包み分泌顆粒及びリソソームの形成を行う。

リソソーム 普通，動物細胞に見られる球状の小胞で，多くの加水分解酵素を持ち，細胞内に侵入した異物や細胞内の不要物質の分解，細胞自身の自己融解など細胞内の消化作用を行っている。

色素体 色素体には，葉緑体・有色体・白色体がある。

葉緑体は内外2層の膜で包まれ，内部にはチラコイドが層状に積み重なったグラナとストロマ（基質）がある。チラコイドの膜には葉緑素（クロロフィル）やカロチノイドなど光合成色素があり，葉緑体は光合成の場でブドウ糖やデンプンがつくられる（図1-6）。

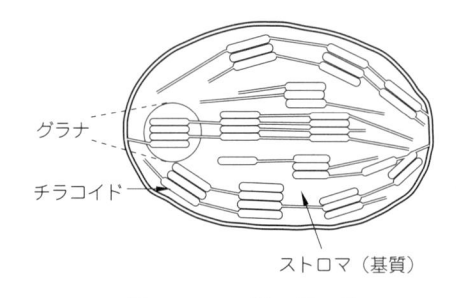

図1-6 葉緑体

また，DNAを持ち，分裂によって増える。

有色体はカロチノイド系の色素を持つ色素体で，ニンジンの根（橙赤色）・黄葉したイチョウの葉・トマトやトウガラシの赤い果実などに見られる。

白色体は色素を持たない色素体で，地下部・分裂組織付近・斑入（ふいり）植物の白色部などの細胞に見られる。ブドウ糖から貯蔵デンプンをつくるアミロプラストもこれに含まれる。

細胞壁 細胞膜の外側につくられ細胞全体を包み込んでいる被膜で、細胞と細胞の接する中央の部分を中葉といい、最初につくられ、その両側に一次壁が形成される。その後、一次壁の外側に二次壁が形成されるものもある。

水や水に溶けている物質を自由に通す働きや二次壁を持つ細胞は陸上植物の個体の支持強度を高める働きを持つ。

細胞壁は細胞の内部を保護し、二次壁は木化してかたく、植物体を支持している。

液胞 成長した植物細胞では液胞が大きく発達し、その内部にたまる液状物質を**細胞液**という。糖・有機酸・無機養分などを含んでいる。花弁や紅葉細胞の液胞にはアントシアン（花青素）という色素が含まれている。また、細胞の吸水や老廃物の貯蔵の役割も果たしている。

細胞内含有物 細胞内に存在する貯蔵物質で、デンプン粒（根・地下茎・種子）、イヌリン（果糖からなる多糖類・ダリアの塊根・ゴボウの根）、糊粉粒（貯蔵タンパク、イネ科の種皮）、油滴（ダイズ・ナンキンマメ・ゴマの種子）、マンナン（コンニャクの地下茎）などがある。

第3節　組　　織

維管束植物は、さまざまな形や働きを持つ細胞が集まって個体をつくっている。これらの細胞は個々ばらばらに存在するわけではなく、同じ構造と機能を持つ細胞が集まって働きの効率を高めるしくみになっており、これを組織という。組織は分裂能力の有無、細胞壁の厚さ、働きなどをもとに分類されている。そのため、1つの組織に対して複数の名称がついている点に注意する必要がある。

3.1　細胞分裂能力の有無による区分

(1) 分裂組織

植物では体の一定の部位で細胞分裂を行っている細胞があり、この細胞からなる組織を分裂組織という。植物体を構成する細胞数を増加させ、植物体の伸長や肥大を行っている。

分裂組織には発生の順序で前分裂組織、一次分裂組織及び二次分裂組織がある。前分裂組織は受精卵より引き続き分裂能力を持つ細胞からなり、茎や根の先端部にあるので位置的には頂端分裂組織（成長点）という。この部位に続いてやや分化しながらなお細胞分裂の能力を持つ部分を一次分裂組織といい、前表皮、前形成層、基本分裂組織がこれに当た

り，これらから表皮や維管束などが形成される。頂端分裂組織による成長を一次成長といい，植物体の縦方向の成長（伸長）を行っている（図1－7）。二次分裂組織は細胞分裂の能力を失った細胞が再び分裂能力を復活した分裂組織で，維管束間形成層やコルク形成層からなる。位置的には植物体の側方にあって，体軸を取り囲み存在するので，側部分裂組織ともいい，横方向の肥大成長はここで行われ，一次成長より遅れて成長が行われるので，二次成長という。

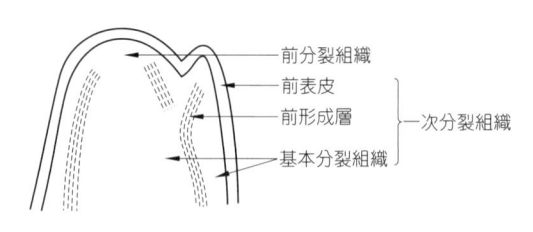

図1－7　前分裂組織と一次分裂組織

（2）成熟組織（永久組織）

　分裂組織から生じた若い組織が成熟して，特定の働きと形に分化した細胞からなる組織で，細胞分裂能力を失っている。植物体の大部分は成熟組織からなっている。成熟組織は以前永久組織と呼ばれたが，成熟しても分化する可能性を持つ細胞が多く，永久といえるもの（死細胞からなる導管繊維）が少ないので，成熟組織と呼ばれるようになった。

3．2　細胞壁の厚さ（性質）による区分

（1）柔組織

　柔細胞からなる組織で植物体の大部分を占める。柔細胞の細胞壁は一次壁からなり，薄く原形質に富む生きた細胞で，生理活性が高く植物の生命現象にかかわる重要な働きを持つ。また，その形や働きもさまざまで，その働きから同化組織，貯蔵組織など多数の組織名がつけられている。

（2）厚角組織

　細胞壁の一次壁が不均一に肥厚した生きた厚角細胞からなる組織で，特に細胞壁の角の部分が厚いものが多い（図1－8（a））。草本類の茎，葉柄などに見られ植物体を強固にする働きがある。

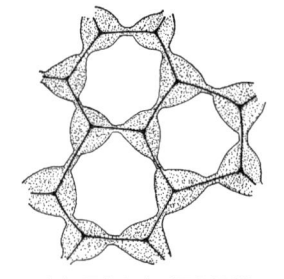

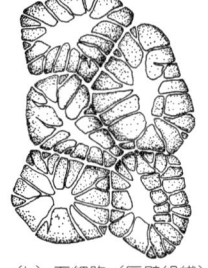

（a）厚角細胞（厚角組織）　　（b）石細胞（厚壁組織）
図1－8　細胞壁の肥厚

（3）厚壁組織

　細胞壁の二次壁が分化して厚く木化し，普通死細胞からなる組織である。この組織には，厚壁細胞のほかに厚壁繊維（木部繊維）と石細胞（ナシの果肉）なども含まれる。（図1－8（b））植物体を支持する働きがある。

3．3　組織の働きによる区分

（1）　表皮組織

　植物体の表面を覆っている組織で，植物体の内部を保護している。表皮細胞はふつう葉緑体を持たず，規則正しく並び，細胞間隙はない。細胞の外面の細胞壁が一般的に厚くなり，葉や茎ではその表面にクチクラ層が形成されて，ろうが分泌され，水分の蒸発を防いでいる。クチクラ層は，海岸や乾燥地の植物によく発達している。

（2）　同化組織

　細胞内に多数の葉緑体を含み，光合成を行う柔組織で，葉や若い茎に見られる。葉は大部分がこの組織からなり葉肉と呼ばれ，柵状組織と海綿状組織に分けられる。

（3）　通導組織

　水や同化物質の通路となる組織で，導管，仮導管，篩管，篩細胞などがある（図1－9，図1－10）。

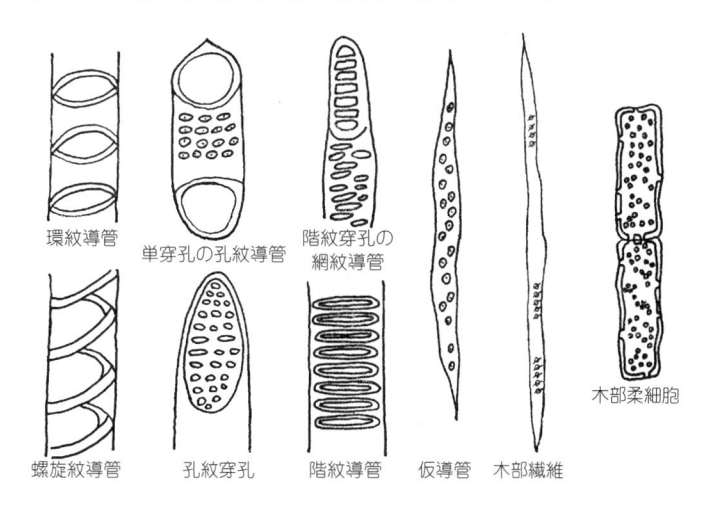

図1－9　導管と仮導管と木部要素の模式図

（環紋導管　単穿孔の孔紋導管　階紋穿孔の網紋導管　螺旋紋導管　孔紋穿孔　階紋導管　仮導管　木部繊維　木部柔細胞）

ａ．導管（道管）

　根で吸収した水や無機養分の通路で，被子植物だけに存在する。導管細胞は縦に1列に配列され，上下の細胞壁の一部又は全部が消失して孔（穿孔）となり，長い管（管状組織）となったものである。細胞壁の側壁は二次肥厚して木化し，いろいろな模様が生じそれぞれ名称がついている。

ｂ．仮導管（仮道管）

　導管と同様に，根から吸収した水や無機養分の通路で，導管のないシダ植物と裸子植物の木部の主要な要素となっている。被子植物では導管の補助として存在する。仮導管細胞は紡錘形で二次壁が厚く死んだ細胞で縦方向に並ぶが，上下の隔壁は残っていて水は壁孔を通って移動する。

ｃ．篩管（師管）

　糖やタンパク質などの栄養物質の通路で，細長い生細胞が縦に1列に並び，上下の細胞壁には小さな孔（篩孔）がふるい（篩）の目のように多数あいていてこれを篩板という。

養分は篩孔を通って移動する。篩管の横に伴細胞という柔細胞がある。これらは被子植物に見られる。

　d．篩細胞

　篩管と同様に栄養物質の通路で，シダ植物と裸子植物に見られる。細胞の上下両端がとがり，隔壁は見られず紡錘形で，縦方向に並ぶ。一次壁が比較的厚く，隣接する細胞壁に篩域（篩孔がたくさんあいている）があって相互に連絡している。

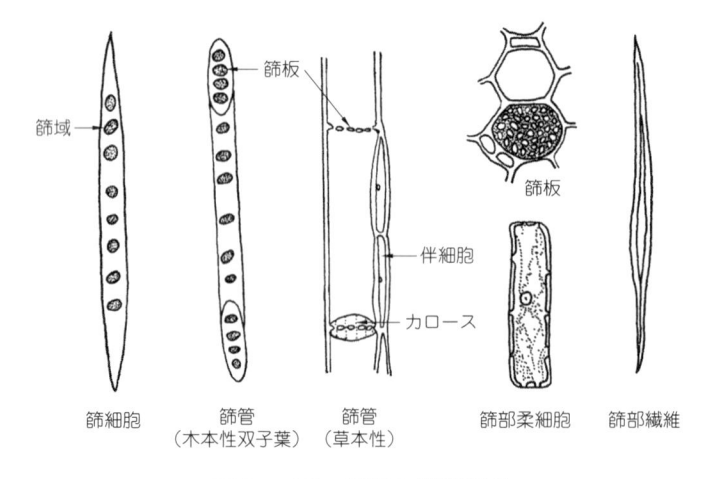

図1－10　篩管と篩部要素

(4)　貯蔵組織

　デンプン・糖・タンパク質・脂質など生活に必要な栄養物質を多量に貯蔵する柔組織で，茎（ジャガイモの塊茎）や根（サツマイモの塊根），さらに種子や果実にも発達する。多肉植物（サボテン）に見られる水を蓄える貯水組織もこの組織の1つである。

(5)　機械組織

　植物体を強固に保つための骨格となる組織で，この組織の働きで植物体が直立する。この組織は厚壁組織・厚角組織・厚壁繊維などの集まりで，導管や仮導管も含まれる。

(6)　通気組織

　細胞と細胞のすき間を細胞間隙といい，細胞間隙が互いに連続して管状や網状になった部分である。このすき間は気孔によって外界と連絡し光合成・呼吸・蒸散などに必要な二酸化炭素・酸素・水蒸気の通路になり，生理的に重要なので通気組織と呼んでいる。この組織は葉の海綿状組織や水生植物によく発達している（図1－11）。

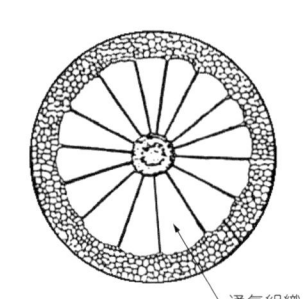

図1－11　フサモの茎の通気組織（Sinott）

(7)　分泌組織

　植物体には物質代謝の副産物である粘液，タンニン・乳液・精油・樹脂・ゴムなどの各種の物質を分泌する分泌細胞が多数集合し，その間に細胞間隙ができて，そこに分泌液を貯蔵する。これを分泌組織といい，乳管（タンポポ）・樹脂道（マツ類）などがある。植物体が損傷すると樹脂や乳液などが分泌され切口を覆う。乳液は人の役に立つものが多く，

ケシの未熟果からはアヘン（モルヒネ），パラゴムからは弾力ゴムがとれる。また，花の蜜腺や排水組織（水孔）も含まれる。

第4節　組　織　系

組織にはいろいろな種類があるが，密接な組織が秩序よく集まっていくつかの組織系をつくり，それらがそれぞれの器官（根・茎・葉）を構成している。

(1) ザックスの組織系

ザックスの組織系（図1-12 (a)）は組織とその形成の過程を考えるときに適した考え方で，組織系を表皮系・維管束系・基本組織系に分けている。

表皮系は植物体の表面を覆う組織系で，植物体の内部を保護し，物質の出入りの調節を行っている。表皮・気孔・水孔・毛がこれに属する。基本組織系は主として柔組織からなり同化組織・貯蔵組織・通気組織・機械組織・分泌組織などから構成され，体の保護や通導作用を除いたすべての生理作用が行われている。

維管束系は維管束からなる組織系で，維管束は篩部と木部とからなり，その間に維管束形成層を持つものもある。篩部は，篩要素（篩細胞・篩管）・伴細胞・篩部繊維・篩部柔細胞よりなる（図1-10参照）。木部は，導管・仮導管・木部繊維・木部柔細胞よりなる（図1-9参照）。維管束には木部と篩部の配列によって図1-13に示すような維管束がある。

(2) ファンティーゲンの組織系

ファンティーゲンの組織系（図1-12 (b)）は，中心柱から植物の系統関係を考えるのに適しているが，葉には当てはめられない。しかし，茎や根の

(a) ザックスの組織系　　(b) ファンティーゲンの組織系

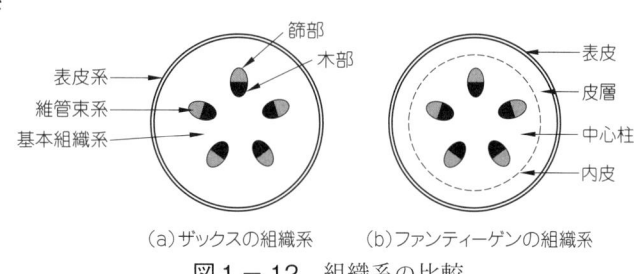

図1-12　組織系の比較

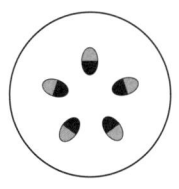

並立維管束
（双子葉植物の茎）

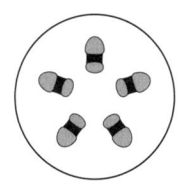

複並立維管束
（ウリ科，ナス科の茎）

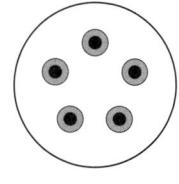

外篩包囲維管束
（シダ植物の茎）

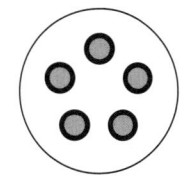

外木包囲維管束
（単子葉植物の地下茎）

放射維管束
（根）

■：木部，▨：篩部

図1-13　維管束の諸型

内部構造を大づかみにするときは便利な考え方である。組織系は，表皮・皮層・中心柱に分けている。表皮はザックスの表皮系に当たり，皮層は表皮の内側から内皮までをいい，その内側が中心柱である。中心柱の最外層を内鞘（ないしょう）といい，1層の細胞が環状に並び，その内側に維管束が配列し，中心部を髄（ずい）という。

第5節　器　官

　器官とは，「植物体の持つ特定の働き（機能）が体の特定の部分だけ（局在）で営まれ，その部分が形態的に独立性を持っているもの」で，根・茎・葉が基本的な器官とする考えと，植物の芽が成長するときに分裂組織は必ず茎と葉を同時につくるので，茎と葉は密接な関係にある1本の茎とその茎に規則的につく複数の葉をひとまとめにした考え方とがある。この単位をシュート（苗条・芽条・枝条）と呼ぶ。

5．1　シュート（苗条）

　シュートは茎と葉からなる単位である。種子から芽生えて，子葉の間にある幼芽，幼芽が伸びてできる茎（幹）・葉・芽，さらにその芽が伸びてできる枝・葉・花というように，普通の植物体の地上部は，シュートにシュートが繰り返し積み重なってできたシュートの集合体である（図1－14）。シュートの先端部で頂端分裂組織を含む辺りを茎頂（シュート頂）といい，新しい茎と葉をつくり出すもとの部分でシュートの成長の中心的な働きをしている。

　芽は若いシュートで茎頂（頂端分裂組織）とその周辺の若い茎と複数の未熟な葉（葉原基）を指す。幼芽は植物体に最初につくられる若いシュートで，種子の胚及び発芽後子葉の上にできる芽である。また，茎の先端にある芽を**頂芽**，茎の側方にできる芽を**側芽**という。さらに葉の基部が茎についてい

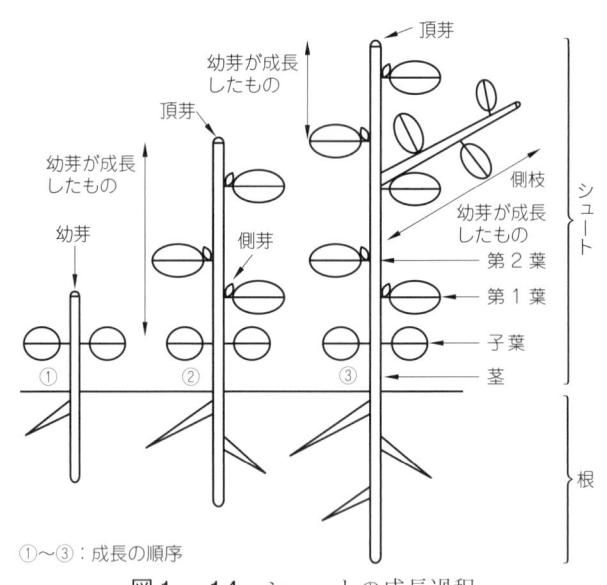

図1－14　シュートの成長過程

る上の部分（葉腋）に生じる側芽を腋芽といい，園芸上では「わきめ」という。キンモクセイやムラサキシキブでは，1つの葉腋に複数の腋芽があり，最も大きいものを主芽，他のものを副芽という。これら植物体の一定の部位にできる芽を定芽といい，葉・根・節間など，通常芽を形成しない部分から生ずる芽を不定芽という。

　また，葉や茎がつくられる芽を葉芽といい，花や花序ができる芽を花芽という。1つの芽から葉と花がつくられる芽を混芽という。環境条件が悪くなると芽が活動せず，休眠状態になる。休眠状態の芽を休眠芽といい，休眠芽で冬を越す芽を越冬芽（冬芽）という。また休眠芽が2年以上そのままで過ごすと樹皮の中に埋め込まれるので潜伏芽と呼び，潜伏芽は主軸が折れたり，衰弱するとそれに代わって活動を開始する。

　庭木や盆栽の剪定ではどの枝を切ってどの芽を残せばどこが伸びるかを予測して植物の姿を整えていく。

5.2 根

　植物体の最初の根は種子の胚に形成され幼根という。種子が発芽して最初に出る小さな根を幼根といい，これが成長してできる根を**主根**（直根）という。主根の側方に出る二次的な根を**側根**といい，さらに側根から細根が生じて根が完成する。また，根以外の器官から二次的に発生する根を不定根といい，胚軸・茎・葉から発生する根で挿し木や葉挿しはこの性質を利用したものである（図1-15）。

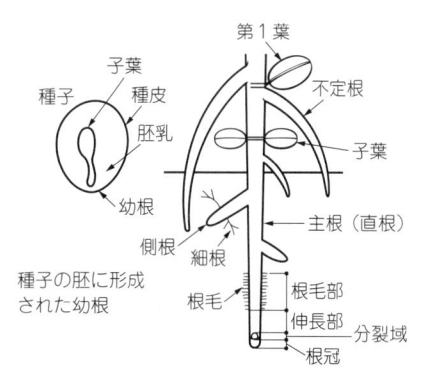

図1-15　さまざまの根

　1株の根全体を根系といい，中間的なものも多いが，通常**主根系**とひげ根系の2型に分けられる（図1-16）。ニンジンやタンポポのように太い主根が下方に伸長してよく発達し，そのまわりに比較的細い側根や細根が多数生じてくるものを主根系（直根系）という（図1-16

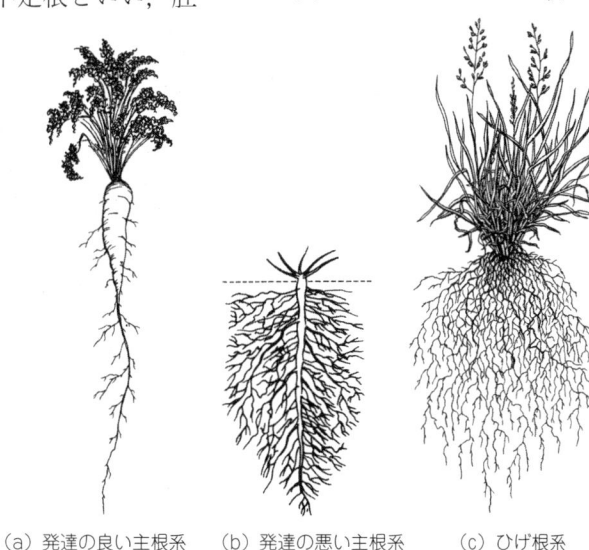

（a）発達の良い主根系　　（b）発達の悪い主根系　　（c）ひげ根系
　　（ニンジン）　　　　　　　（タンポポ）　　　　　　（イネ科植）

図1-16　植物の根系の型（Walter H. Muller）

(a)，(b))。主根系は双子葉植物に多く見られ，乾燥した土壌に生育する植物に多い。一方，イネ科やラン科などは幼根の成長が比較的早い時期に止まり，主根はほとんど発達しないか枯れてしまい，代わって胚軸や茎にひげのような不定根が多数生じ，それが伸長した根系をつくる。これをひげ根系といい（図1-16 (c)），単子葉植物に多く見られ，湿った土壌に生育する植物に多い。

(1) 根の形，内部構造

根の先端付近を根端といい，その縦断面を見ると先端から基部に向かって根冠・分裂域（成長帯：頂端分裂組織・前形成層）・伸長部・根毛部（成熟部）に区分される（図1-17）。

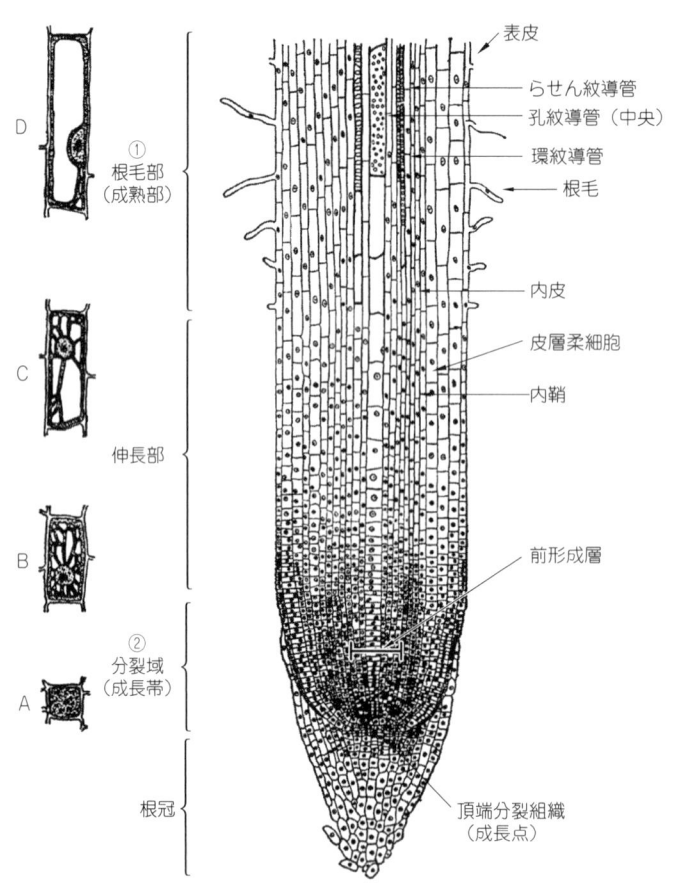

A：分裂組織の細胞　　B，C：成長しつつある細胞
D：成長が終わった細胞（いくぶん模式的に描いてある）

図1-17　オオムギの根の縦断面（Holman & Robbins）と根の細胞の成長過程（Maximov.）

根冠は粘液を分泌し，根が土壌の中を伸びていくとき，分裂組織を保護する役割を果たしている。分裂域に続く伸長部では分裂組織でつくられた細胞が体軸方向（縦方向）に著

しく伸長し，根を先へ伸ばして維管束がつくられ始める。根毛部は伸長部の上にあって表皮細胞が特殊化して突起状になった多数の根毛が生じ，表面積を増して土壌中の水分や養分を吸収するだけではなく，根を土に固着させ，安定させる働きもある。側根は根毛部の上部から上で発生する。

根の横断面は図1-18に示すように最外層に1層の細胞層からなる表皮があり，その内側に柔組織からなる皮層がある。皮層の最内層には内皮があり，その内側中心部に柱状の構造が見られ，これを中心柱といい，内鞘や維管束が存在する。維管束形成層があるものでは篩部と木部の間に維管束形成層があって，その分裂によって根が肥大する。側根はシダ植物で内皮からつくられるが，種子植物では一般的に内鞘の複数の細胞からつくられ，細胞を増加させながら皮層と表皮を突き抜けて発生し，根の表面に出てくる。

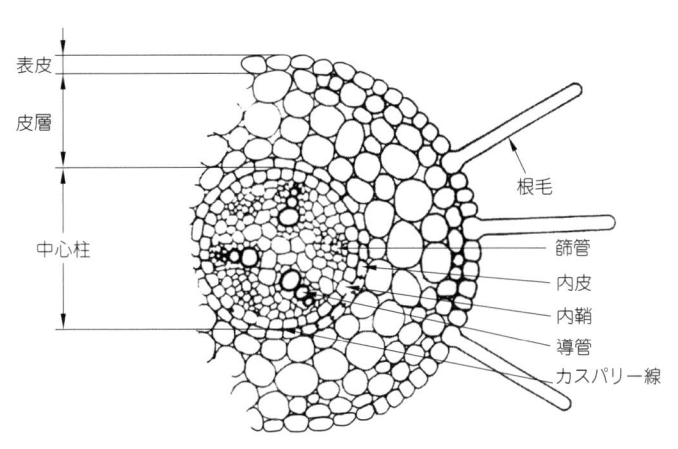

図1-18　カボチャの根の断面（Croft & Brover）

（2）根の多様性

根の主な働きは養水分の吸収であるが，それ以外の働きを持っているものもあり，その働きによっていくつかに区分される。

貯蔵根　デンプン・イヌリンなどさまざまな貯蔵物質を蓄える貯蔵器官で，基本組織系の柔細胞が肥大して塊根となるものを一般的に「いも」と呼び，サツマイモやダリアに見られる。ニンジンは主根が肥大し，ダイコンは主根と胚軸が肥大する（図1-19，図1-20）。カブは胚軸が肥大し，主根は細くなったしっぽの部分である。これらは根を利用する作物として重要で，根菜類と呼ぶ。

支柱根　地上部の不定根で，茎（幹）や枝下から四方に発生して根が地面に達して地中に伸び，植物体を支えるとともに吸収の働きもする。ガジュマル・タコノキ・トウモロコシなどに見られる（図1-19（c））。また，支柱根のように空気中に出る根を気根という（図1-21（a））。

寄生根　寄生植物に見られる根で，他の植物（宿主）に根を侵入させて相手の水分や養分を吸収する。ヤドリギやネナシカズラに見られる（図1-21（b））。

呼吸根　マングローブ湿地や沼沢地など，土壌中の酸素の乏しい場所に生育する植物の

根の一部が地上に露出し，呼吸に必要なガス交換がしやすいように特別な通気組織を備える。マングローブ植物（直立根：マヤプシキ・ヒルギダマシ，屈曲膝根：オヒルギ）や湿地の植物（直立膝根：ヌマスギ）に見られる（図1－21（c））。

　付着根　よじ登り植物は樹皮や壁などに接触した茎から不定根を出し，接触した面に根を付着して体を支える根。キヅタやツタなどに見られる（図1－21（d））。

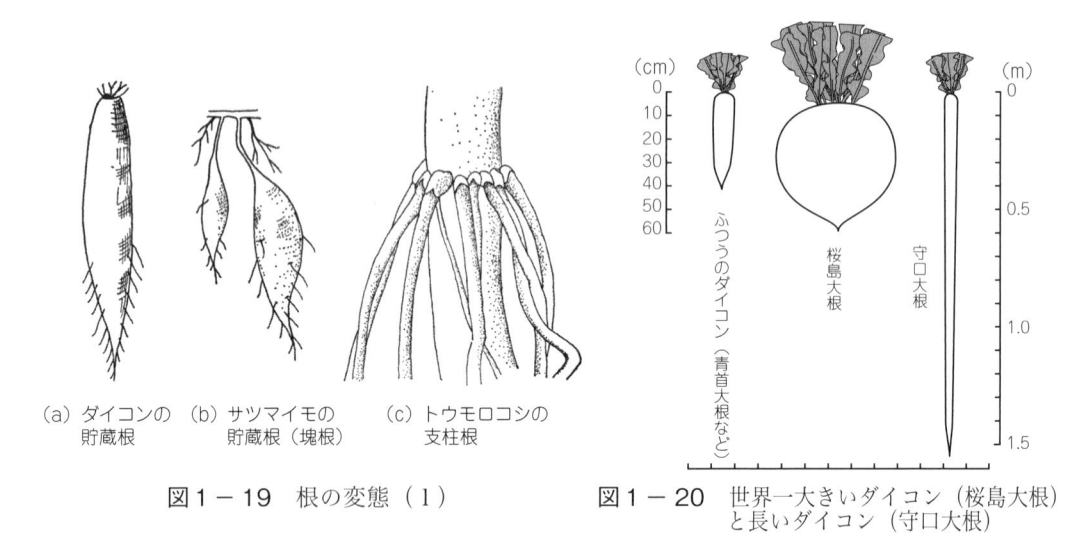

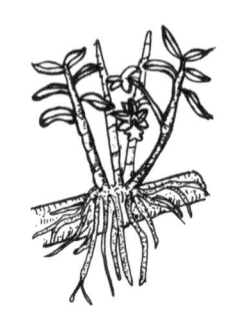

(a) ダイコンの貯蔵根　(b) サツマイモの貯蔵根（塊根）　(c) トウモロコシの支柱根

図1－19　根の変態（1）

図1－20　世界一大きいダイコン（桜島大根）と長いダイコン（守口大根）

(a) セキコクの気根

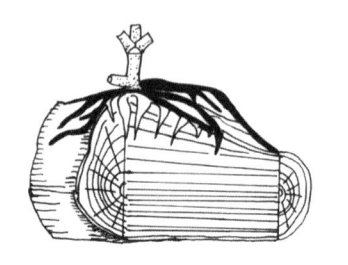

(b) クリの枝に侵入したヤドリギの寄生根

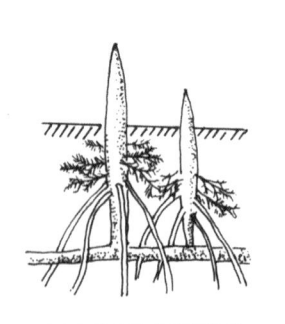

(c) マヤプシキの呼吸根

(d) キヅタの付着根

図1－21　根の変態（2）

5.3 茎

　茎は胚の幼芽に由来し，軸条構造を持ち，上方に向かって成長し，側生的に葉・芽・枝，花をつける。葉が茎につく部分を節（節）といい，節と節との間を節間という。

　茎は地上茎と地下茎に分けられ，地上茎は草本茎（草）と木本茎（樹木）に区別する。草本茎は小型でやわらかく，形成層を欠くか，あってもほとんど活動しない。また，1年以内に植物体が枯死する1年生草本と，地上茎は枯れるが地下部が生きていて毎年新しい地上茎を出す多年生草本とがある（シュンラン・オモト・リュウゼツランのように地上茎が枯れない常緑性のものもある）。一方，木本茎は多年にわたって花と実をつけ，維管束形成層の働きで茎が毎年肥大成長し，幹の直径が増加する。

(1) 地上茎と地下茎

　地上茎には図1-22に示すように茎が直立する直立茎，地面をはうように伸び，ところどころから不定根を出すほふく茎（サツマイモ・スベリヒユ），蔓植物と呼ばれ茎が直立できず，他のものに巻きついて上方に成長していく巻きつき茎（アサガオ），巻きひげや付着根で他のものに絡みついたり，付着して上方に伸びるよじ登り茎（ブドウ・ヤブガラシ・キヅタ）がある。また，親株の腋芽が細長い茎を伸ばして，その先端の芽が地上につき不定根を出して子株をつくる走出枝（ユキノシタ・オリヅルラン・オランダイチゴ），短い茎に多数の葉をつける短縮茎もある。短縮茎の葉は根出葉といい，地面すれすれに水平に広がるので，このような植物をロゼット植物と呼ぶ（タンポポ）。

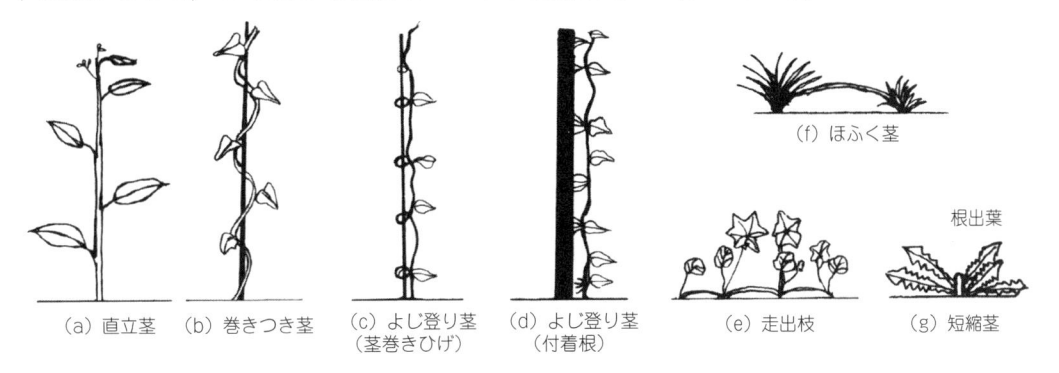

(a) 直立茎　(b) 巻きつき茎　(c) よじ登り茎（茎巻きひげ）　(d) よじ登り茎（付着根）　(e) 走出枝　(f) ほふく茎　(g) 短縮茎

図1-22　地上茎のいろいろ

　地下茎は地中にある茎の総称で，地上部を支えるとともに養分を蓄えて栄養繁殖に役立っている（図1-23）。茎が地中を横に伸びる根茎（シダ類・タケ類・ミョウガ・ナルコユリ），地下茎が不定形に肥大して多数の芽を持つ一般にイモと呼ばれる塊茎（ジャガイモ・キクイモ），球状に肥大した地下茎で芽が少ない球茎（サフラン・コンニャク・クワ

イ），短縮した地下茎に養分を蓄えた厚い鱗片葉（鱗茎葉）が多数密生し，外形が球形の鱗茎（タマネギ・ユリ類・チューリップ・スイセン）がある。これらはすべて1つのシュートである。

(a) ナルコユリの根茎　　(b) ジャガイモの塊茎　　(c) タマネギの鱗茎

図1-23　地下茎のいろいろ

（2）茎の多様性

茎にはいろいろな形を持つものが見られるが，地上茎が変態したものとしては次のようなものがある（図1-24）。

茎が平らな葉状となり，光合成の働きを持つ扁茎（サボテン類・ナギイカダ），他のものに巻きつき自分の体を支えるように変態した巻きひげ（ブドウ・カボチャ・ヤブガラシ），茎が針状（とげ）になった茎針（ボケ・ウメ・カラタチ），また，腋芽が芽のままで肥大して養分を蓄え，やがて親から離れて新個体になるむかごなどがある。むかごは，茎が肥大して球形になった珠芽（肉芽）（ヤマノイモ）と，葉が肥大した鱗芽（オニユリ）に分けられる。地下茎はすべて変態であるといってよい。

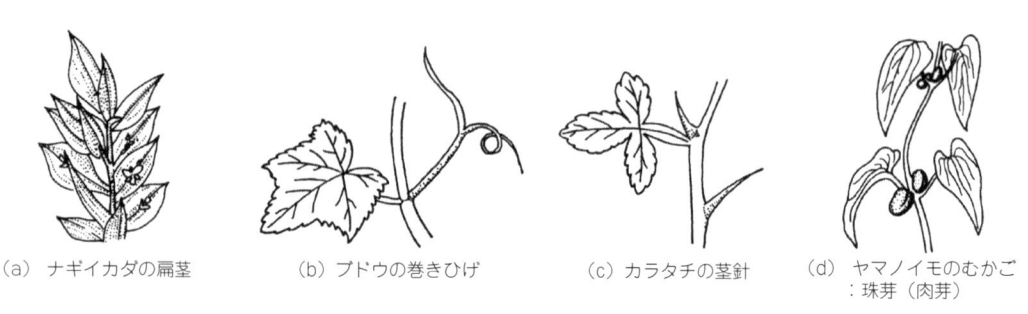

(a) ナギイカダの扁茎　(b) ブドウの巻きひげ　(c) カラタチの茎針　(d) ヤマノイモのむかご：珠芽（肉芽）

図1-24　茎の変態

（3）茎の内部構造

茎も根と同様に表皮・皮層・中心柱からなり，表皮は1層の細胞層で，クチクラが発達し，ところどころに気孔やさまざまなものが見られる。皮層は主に柔細胞からなり，細胞間隙に富むが，表皮のすぐ内側は厚角組織からなるものが多く，茎の支持に役立っている。内皮はシダ植物では一般に見られるが，種子植物ではまれである。中心柱には維管束が存在するが，図1-25に示すように分類群によって異なり，双子葉植物では真正中心柱，単子葉植物では不整中心柱で両植物の大きな違いの1つとなっている。維管束の配列はさま

ざまである。

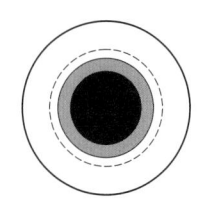

(a) 原生中心柱（茎）
（シダ植物のウラジロ，カニクサ）

(b) 真正中心柱（茎）
（裸子植物，双子葉類の一部）

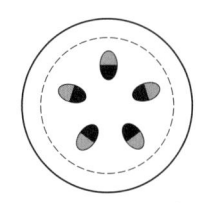

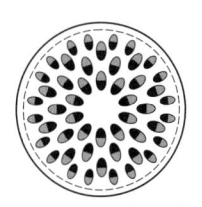

(c) 不整中心柱（茎）
（単子葉類）

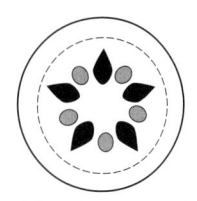

(d) 放射中心柱（根）
（ギボウシ，シオデ）

■：木部，▨：篩部，----：内皮

図1－25　茎と根の中心柱

（4）　茎の肥大成長と維管束形成層（形成層）

　維管束形成層は篩部と木部の間にある維管束内形成層と維管束の間にあとから維管束間形成層がつくられ，これがつながって環状の維管束形成層ができる。

　維管束形成層の細胞は2型あって長形の紡錘形始原細胞の細胞分裂により外側に**二次篩部**と内側に**二次木部**をつくり，短形の放射組織始原細胞が分裂して放射組織がつくられ二次組織を形成する。この分裂が毎年繰り返されることによって木部が増加し結果として木本はその太さを増す（**肥大成長・二次成長**）。維管束形成層が存在するのは裸子植物と双子葉植物木本類で，ふつう，シダ植物や単子葉植物では見られない。

　また，双子葉植物の草本類にも存在はするが，それほど活動しない。

　材（木材）は，木本の茎の木質部で二次木部が主体となっている（図1－26）。維管束形成層の働きは気温の影響を受け，暖かくなる春から夏・秋にかけて活動し，気温の下がる秋から冬にかけては活動を休むため1年間を周期とした区切りができる。この1年ごとにできた二次木部

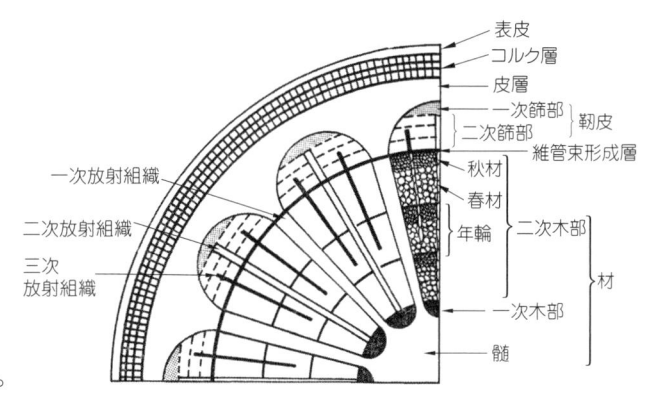

図1－26　茎の二次組織と年輪

を年輪という。年輪は春から初夏へのものは大きな細胞がつくられ粗で春材といい，また夏から秋へのものは，細胞は小さく緻密で夏材（秋材）といい，冬は活動を休止するため，秋材から春材に急に変化するので，その境界は明瞭に区別できる。

　年輪は暖帯から温帯にかけて生育するものには顕著に認められるが，熱帯では高温で温度変化がほとんどないので，不明瞭か全く認められない（南洋材のラワンなど）。

二次篩部は維管束形成層の外側に形成され，一次篩部と二次篩部とを併せて靭皮という。毎年形成されるが，通導機能は短く1～2年で終わり，やがて茎の肥大に伴って押しつぶされてしまうので，年輪状になることはない。

放射組織は維管束形成層の放射組織始原細胞の分裂によってその両側に生じ，木部から篩部にわたって存在する組織で二次維管束の特徴となっている。放射組織は，放射方向に細長い柔組織が規則正しく並び筋のように見える。

放射組織はすべての材で見られ，外側と内側の細胞同士の水分や養分の通導やデンプン粒などの貯蔵を行っている。

（5） コルク形成層

茎の直径が増してくると，表皮はやがて壊れて脱落していく。このようになると表皮の内側にある細胞が分裂能力を復活してコルク形成層がつくられ，欠損部分を補充する。コルク形成層は図1－27に示すように外側にコルク組織を，内側にコルク皮層をつくり，この三者を周皮という。周皮は表皮に代わって植物体の表面を覆い植物体を保護するようになる。コルク形成層は，維管束形成層のように永久的に活動するのではなく，材の肥大に伴って外側の組織が死んではがれ落ちていき，やがてコルク形成層も活動を停止し壊れていく。そのため，それより内側の部分に新しいコルク形成層ができて新しいコルク層がつくられる。これもやがて活動を停止し，さらに内側にコルク形成層がつくられ，これが繰り返される。コルクガシではコルク組織がよく発達し，5～10cmの厚さになるとコルク栓や保温材に利用される。

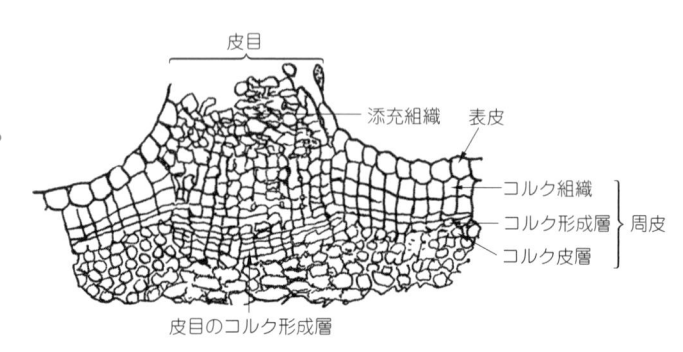

図1－27　セイヨウニワトコの皮目（Strasburger）

（6） 樹　皮

樹皮はコルク形成層より外側を指すが，維管束形成層より外側の全体を樹皮ということもある。樹皮は幹の外側にあって表皮に代わって内部の組織を保護している。我々が見ているところは樹皮の最も外側で，この部分を樹皮とか「木の肌」といっている。この部分は茎の肥大成長に伴い裂けてくるが，その裂け方は種類によって異なり，亀甲状（マツ類），網目状（シナノキ），細長い帯状（スギ）などそれぞれの種類の大きな特徴となっている。

(7) 皮　目

　コルク組織が形成されると茎の気孔は表皮とともに脱落し，組織の一部に気孔に代わって空気の出入口として新しい通気組織ができる。これを皮目といい，気孔の下につくられることが多い（図1－27）。この組織はコルク形成層とは別の分裂組織で皮目コルク形成層といい，外側に向かって柔組織をつくり，増加すると周皮を突き破って開孔する。皮目の外観と分布は樹種の大きな特徴となっている。

(8) 離　層

　葉・花弁・果実はある時期になると茎から脱落するが，これは図1－28のように各器官の基部に離層という特殊な細胞層がつくられその働きによる。離層細胞は茎の皮層に由来する柔細胞で，分解酵素を生産し，その働きによって細胞壁の中葉が分解されて細胞が分離するか，細胞壁が分解されて細胞自身が壊れて茎から脱落する。

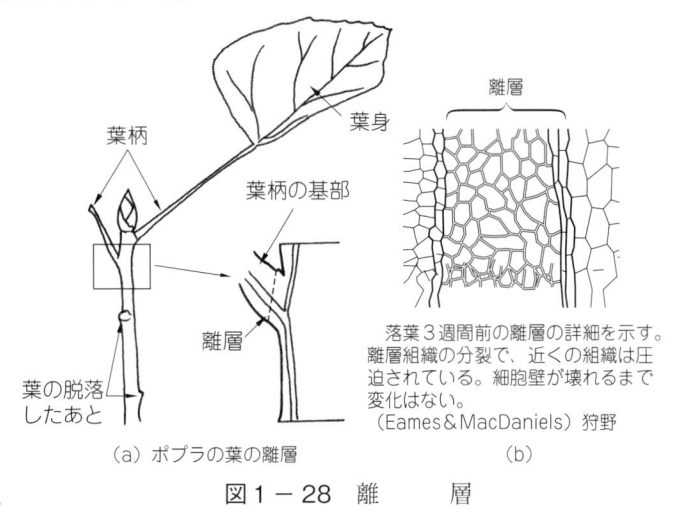

図1－28　離　層

5．4　葉

　葉は茎頂の側方の突起（葉原基）として発生し，それが成長した側生器官である。普通，葉は扁平で同化組織が発達しており，光合成を行い，物質転換や水分の蒸散など生理的に

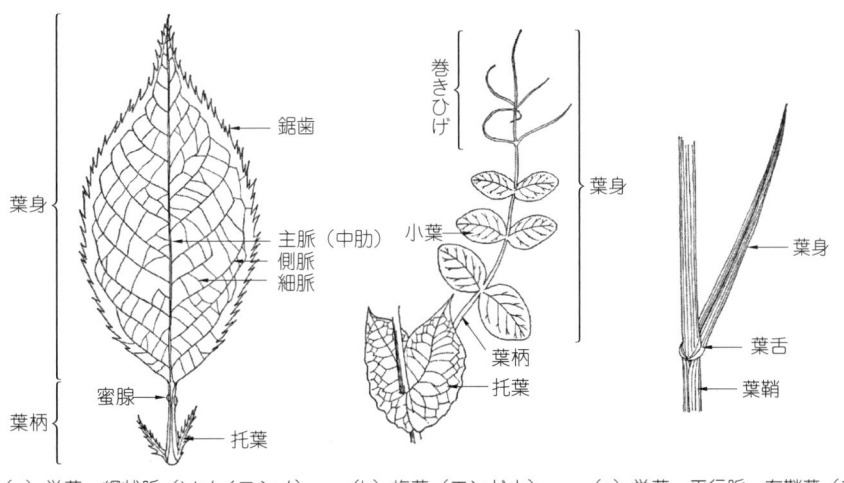

（a）単葉・網状脈（ソメイヨシノ）　　（b）複葉（エンドウ）　　（c）単葉・平行脈・有鞘葉（コムギ）

図1－29　葉の外部形態

重要な働きを持つ。このような典型的な葉を普通葉というが，植物体の保護や貯蔵組織となっているものもある。一般に葉の形は系統を反映しているが，さまざまな環境に適応して形や構造に多くの変化が認められる。

(1) 普通葉の基本的な形

普通葉は図1-29のように，基本的に葉身・葉柄・托葉からなっているが，単子葉植物では葉身の下部が茎を鞘状に包むようになった葉鞘を持つものもある（有鞘葉）。また，この3つの構成要素を持つものを完全葉（バラ科・アオイ科・ブドウ科），そのうち1つ

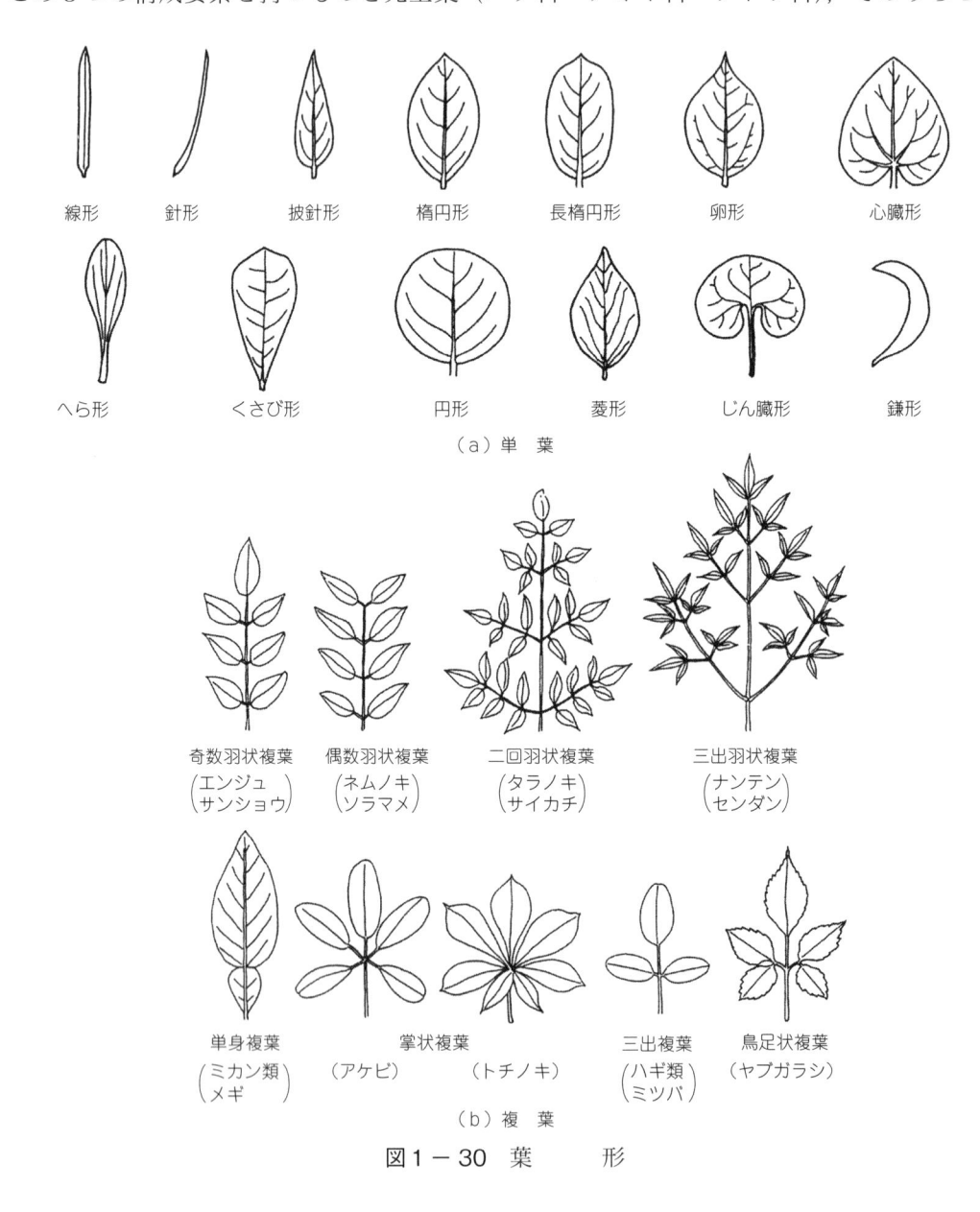

図1-30 葉　形

(a) 葉の先端

鋭尖頭　鋭頭　鈍頭　切形　凹頭

心頭　突頭　微突頭　円頭　尾頭

(b) 茎の基部

くさび形　円形　心形　切形　腎臓形　矢じり形　耳形

(c) 葉縁

全縁　鋸歯　歯牙　円鋸歯　波状　うねり形　重鋸歯　欠刻

①羽状裂

羽状浅裂　羽状中裂　羽状深裂　羽状全裂

②掌状裂

掌状浅裂　掌状中裂　掌状深裂　掌状全裂

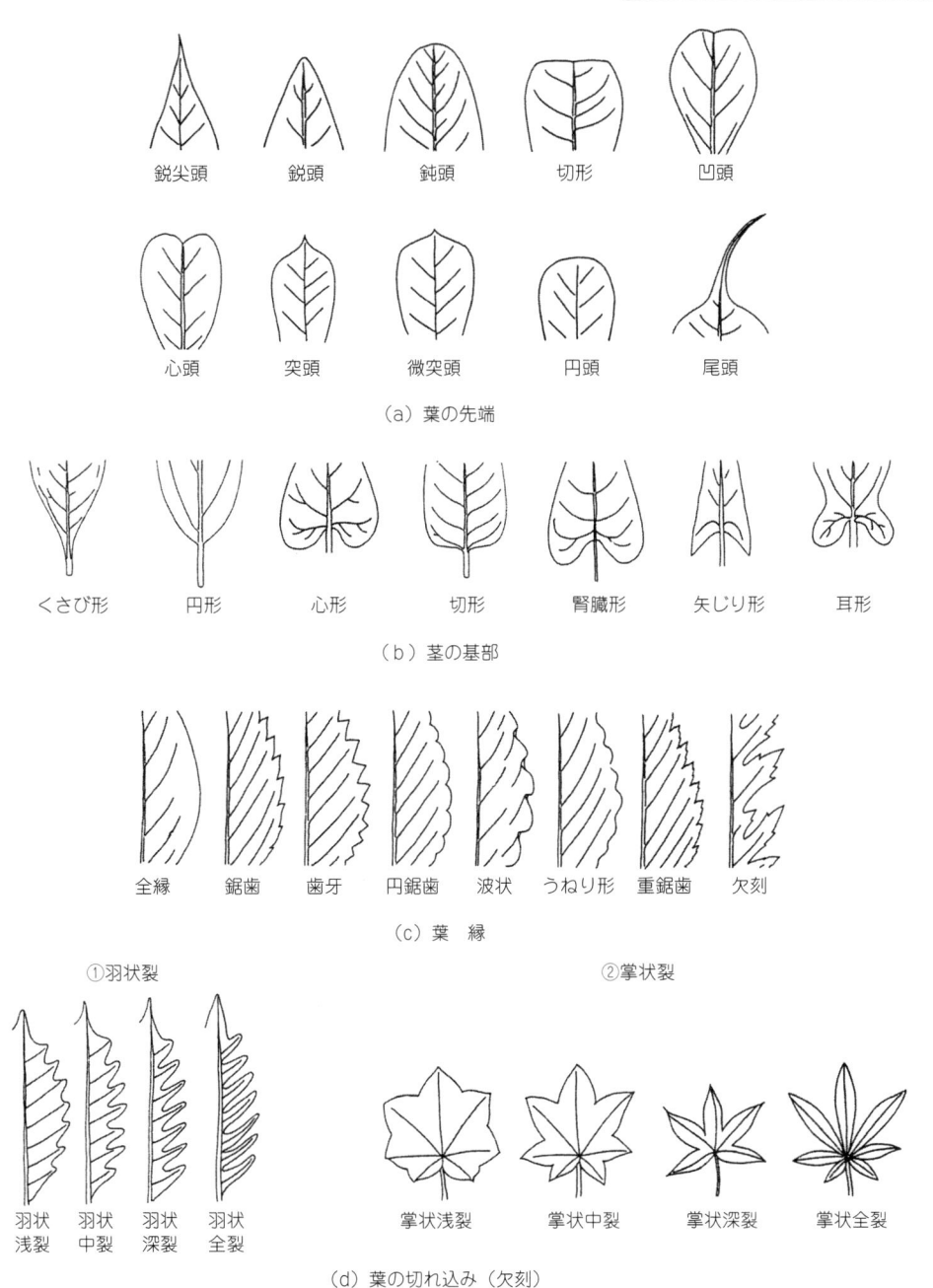

(d) 葉の切れ込み（欠刻）

図1－31　葉　身

又は2つを欠く葉も多く不完全葉といい，托葉がなく葉身と葉柄からなるアサガオ・ヤマノイモ・葉身だけが茎につくテッポウユリやカーネーションなどがある。

　葉身は葉の主要部で光合成を行う主要な部分で図1－30，図1－31に示すように，その形は針形・卵形・楕円形などさまざまなものが見られ，さらに葉身の先端部（葉頭）や

基部（葉脚）の形で特徴づけられる。また，葉身の周辺部を葉縁といい，凹凸のないものを全縁，細かい切れ込みを鋸歯といい，深い切れ込みを欠刻という。これらの形はそれぞれの種類の特徴となっている。

葉柄は葉身と茎をつないでいる柄の部分で，葉身を支え，葉身と茎の間の水や養分の通路となっている。また，葉身を光の方向に向けたり，他の葉との重なりを調節する働きを持つものもある。

托葉は葉が茎につく付近の茎や葉柄上にある葉身以外の葉的器官のすべてをいう。一般に鱗片状で左右2枚からなり，芽の中の葉身を保護するものが多い。エンドウのように托葉が大きく葉身と同じ働きをするものもあるが，不明瞭な場合も少なくない。

（2） 葉の表と裏

葉は平面的な形をしているので，表と裏は明らかであると思っている人が多いようだが，例外がある。

葉の表の面は，葉が茎から生じた小さいころに茎（軸）に面していた側で，この面を**向軸面**といい，反対側の裏の面は**背軸面**と呼ばれる。

普通の扁平な葉は向軸面が葉の表になり，背軸面が裏面になる。表と裏では色の違いや光沢の違いによって容易に区別することができる。このように表裏が区別できる葉を**両面葉**という。

葉の表と裏を区別する重要なこととして葉脈の木部と篩部の配列がある。これを観察するには顕微鏡を使わなければわからないが，種子植物の茎では，内側に木部，外側に篩部があって，そのまま葉に入ってくるので，葉の向軸側（表）に木部が，背軸側（裏）に篩部がある（図1－32）。葉の表裏は木部と篩部の位置によって判別することができる。

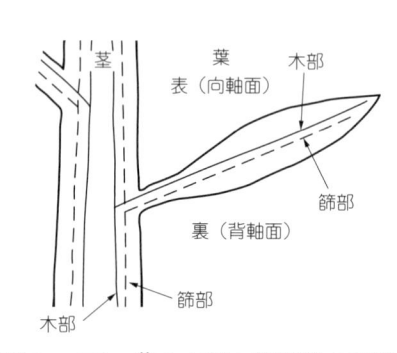

図1－32 葉の木部と篩部部の配列

マツ・マツバボタン・スイセンなどの葉のように葉の表裏が外見からは区別できない場合でも木部と篩部の配列を調べれば表裏を区別することができる。このような葉を**等面葉**という。

クロマツの葉の横断面は半円状であるが，平たんな面側に木部があって，表側・半円側に篩部があって裏側になる（図1－33）。

ネギの葉は外見的には上部が円すい形になっていて一様なので表裏が区別できない。葉

の横断面を見るとすべての木部が内側で、篩部が外側にあるので私達が見ている面はすべて裏面になる。このような葉を**単面葉**という。

アヤメの仲間やショウブの葉はネギの葉を左右から押しつぶして扁平になったような形のもので、やはり単面葉の一種である。

ネギの葉の基部は葉が茎を取り巻き、アヤメの葉の基部はV字型に2つ折りになっていて、その内側が向軸面で外側が背軸面である。

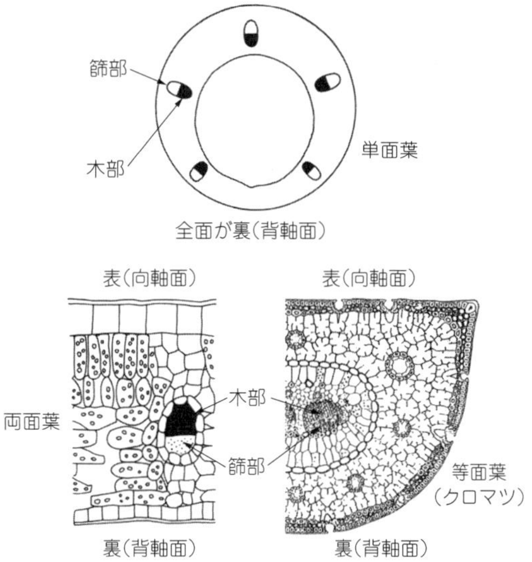

図1－33　葉の表と裏（葉の横断面の模式図）

（3）単葉と複葉

葉が1枚の葉身からなるものを単葉という（図1－30（a）参照）。葉身が2枚以上の複数の部分に分かれている葉を複葉といい、分かれた葉身の1つひとつを小葉という。複葉には次のようなものがある（図1－30（b）参照）。葉の主軸（葉軸）の左右に小葉が対称的につくものを羽状複葉といい、頂小葉があって小葉数が奇数のものを奇数羽状複葉、頂小葉がなくなり小葉数が偶数のものを偶数羽状複葉という。小葉がさらに2回、3回と羽状に分かれたものを二回羽状複葉、三回羽状複葉という。また、小葉が減少し1枚になったものを単身複葉という。

葉柄の先から3枚以上の小葉が出て掌状になったものを掌状複葉という。

小葉が葉柄の先から3枚出ている三出複葉（ハギ類・ミツバ）、小葉がさらに分かれたものを二回三出複葉（セントウソウ）という。三出複葉の左右の小葉の軸にさらに小葉を持ち、一見掌状葉に見えるものを鳥足状複葉（ヤブガラシ）という。

（4）異形葉

1つの個体で2つ以上の異なった形の葉をつける現象を異形葉性といい、その葉を異形葉という。ヒイラギ、クワ、カクレミノなどは葉が分裂しない葉と分裂する葉が見られ、ツタでは単葉と三出複葉の葉が見られる。

（5）葉脈と脈系

葉脈は組織上からは葉の維管束系をいうが、維管束の上下の膨らんだ部分を含めて葉脈ということが多く、外観は葉の筋に見える。太さの異なる葉脈が1つの葉身に見られるとき、最も太い葉脈を主脈（中央脈・中肋）といい、主脈から分枝したものを側脈、側脈か

ら分かれたものを細脈という。また，主脈を一次脈，側脈を二次脈，さらに分枝したものを三次脈と呼ぶこともある。

1枚の葉における葉脈の配列のしかたを脈系（脈理）という。脈系には次のようなものがある（図1－34）。

(a) 単一脈系
 　（モミ）
(b) 二又脈
 　（イチョウ）
(c) 掌状脈（網状脈）
 　（イロハカエデ）
(d) 三行脈（網状脈）
 　（クスノキ）
(e) 羽状脈（網状脈）
 　（ケヤキ）
(f) 平行脈
 　（ヤマユリ）

図1－34　葉　　脈

a．単一脈

単一脈は，葉身の中で葉脈が分枝せず，中央脈1本だけの脈系（ヒカゲノカズラ・ソテツ・モミ・ツガザクラ）である。

b．二又脈系

二又脈系は，1本の葉脈が二又に分かれ，さらに二又に分かれて，網目をつくらない脈系である。オオタニワタリなどシダ植物に普通に見られる葉脈で，シダ植物の特徴である。裸子植物のイチョウやザミアなどでも見られる。二又脈は化石植物や原始的と見られる植物に多く存在するため，原始的な脈系と考えられている。

c．網状脈系

網状脈系は中央脈が最も太く主脈と一致し，中肋と呼ばれる。主脈から側脈，さらに細脈が分枝し，それが互いに結合して網目状になる脈系である。ほとんどの双子葉植物に見られ，双子葉植物の特徴である。

網状脈系はさらに側脈が羽状に並ぶ羽状脈系（クリ・ケヤキ・クマシデ・ヤマボウシ），主脈が掌状に分かれる掌状脈系（イロハカエデ・カツラ・ヤツデ），掌状脈系のうち主脈から左右に一対側脈が分枝する三行脈系（クスノキ・シロダモ・カクレミノ），掌状脈の最も外側にある一対の主脈の基部に近いところから太い側脈が分枝する鳥足状脈系（スズカケノキ・ウマノアシガタ）に分けられる。

d．平行脈系

多数の主脈又は一次脈が分枝せずに葉身の中を平行に走る脈系である。なかには，主脈や中央脈が明確ではないものもある。

多くの単子葉植物に見られ，ヤマユリ，ノシランなどの単子葉植物の特徴となっている（イネ科・カヤツリグサ科・アヤメ科，ユリ科）。

このように葉脈は「植物の系統」を反映し，種によって特異的なため植物の名前を調べるとき（同定）にとても役に立つ。また，ボタニカルアートでも葉脈はその種を特徴づける重要な要素の1つである。

（6）葉序（葉のつき方）

葉は光合成を行う重要な器官として，茎の光を受けやすい位置について，かつ，葉同士が重ならないように規則的に配列されている。この葉の配列を葉序といい，節につく葉の枚数に基づいて分けられている。

図1−35(a)に示すように，各節に1枚の葉がつくものを**互生葉序**といい，葉が茎のまわりにらせん状につく**らせん葉序**や互い違いに並び，上から見ると2列に並ぶものを2列互生という（図1−35(b)，図1−36）。また，各節に2枚以上の葉がつくものを**輪生葉序**という（図1−35(e)）。輪生葉序は1節につく葉の枚数によって分けられ，各節に2枚

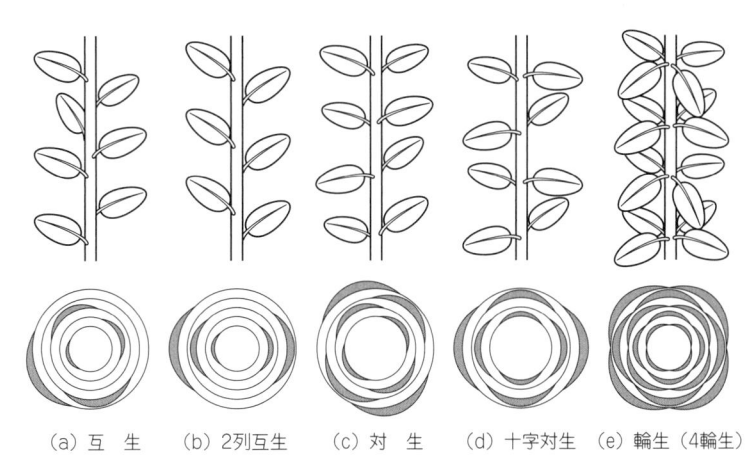

(a) 互生　(b) 2列互生　(c) 対生　(d) 十字対生　(e) 輪生（4輪生）

図1−35　葉序模式図

2列互生　スダジイ　　2列互生　シャガ
図1−36　互生葉序の例

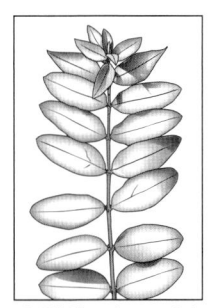

十字対生　ヒイラギモクセイ　　2列対生　キンシバイ
図1−37　対生葉序の例

の葉が向かい合ってついているものを対生葉序という（図1－35(c)，図1－37）。また，3枚つく場合は3輪生（キョウチクトウ），4枚つく場合は4輪生（ツクバネソウ），5枚つく場合は5輪生（ゴヨウマツ），多数つくものを多輪生（スギナモ），不定数のときは単に輪生（ツリガネニンジン，3～5輪生）という。

植物の種によって葉序は決まっていることが多く，カエデ科やアカネ科に属する種はすべて対生である。

葉序とは関係なく，葉が枝につく一型として，短枝といわれる節間が極めて短縮した短い枝の先端にある複数の節に葉が近接してつき，束状になる場合を束生と呼ぶ（イチョウ・ヒマラヤスギ・カラマツ）。これは葉序とは関係ないので，互生・対生・輪生どれであってもかまわない。また，束生している葉の全体を葉束と呼ぶ。

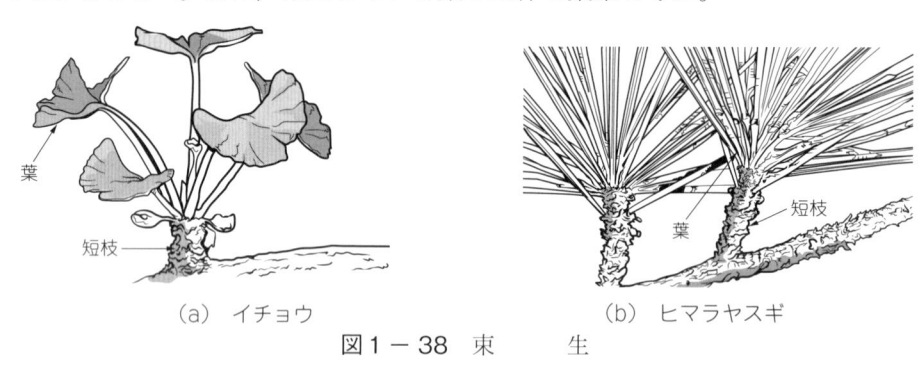

(a) イチョウ　　　　(b) ヒマラヤスギ

図1－38　束　　生

（7）特殊な葉

葉は一般に光合成を行うが，なかには光合成を行わないが葉に相当し，葉的器官と呼ばれるものもある。普通葉とはやや異なっている特殊な葉として次のようなものがある。

子葉　種子植物の最初の葉で，種子内の胚につくられる。また，種子が発芽して最初に出す葉で，裸子植物では2～数枚，被子植物では単子葉類は1枚，双子葉類は普通2枚で分類の基準になっている。

鱗片葉　光合成を行わず，普通葉より著しく小さくなった葉である。芽の鱗片葉を芽鱗，花序を抱く鱗片葉を苞（苞葉），花を構成する場合は花葉という。

低出葉　シュートの下部で最初に生ずる普通葉以外の葉で，草本の芽生えで地面に近い葉や，冬芽を包む鱗片葉（芽鱗），腋芽に最初につくられる前出葉などがある。

高出葉　シュート形成の末期（枝先）に生ずる花葉以外の特殊な葉で，葉腋の花芽を抱く苞葉，花序全体を抱く総苞片など

図1－39　特殊な葉：高出葉と低出葉

がある。

花葉　花を構成しているがく片・花弁・雄ずい及び雌ずいの心皮は葉が変化したもので，これらは花葉といい，花は特殊化した1つのシュートである。

特殊な葉で高出葉と低出葉の例を図1－39に示す。

(8) 葉の多様性（葉の変態）

葉には図1－40に示すようにいろいろな形態や機能を持つものがあり，「(7)特殊な葉」のほかに葉が変態したものとして次のようなものがある。

葉の一部が巻きひげになったものを**葉性巻きひげ**といい，葉身（スイートピー）・小葉（エンドウ）・葉柄（ボタンヅル）・托葉（サルトリイバラ）が変化したものである。

葉が針状で硬いものを**葉針**（サボテン，メギ）という。また，葉の一部が針状になったものとしてニセアカシアの托葉，ムレスズメの葉軸の先，ヒイラギの鋸歯などがある。

葉身が袋状になって虫を捕らえるものを**のう（嚢）状葉**（捕虫葉；ウツボカズラ）という。

水中の葉が根のように分枝したものを**根状葉**（サンショウモ）という。

葉が肥大して貯水組織が発達したものを**多肉葉**（リュウゼツラン）という。

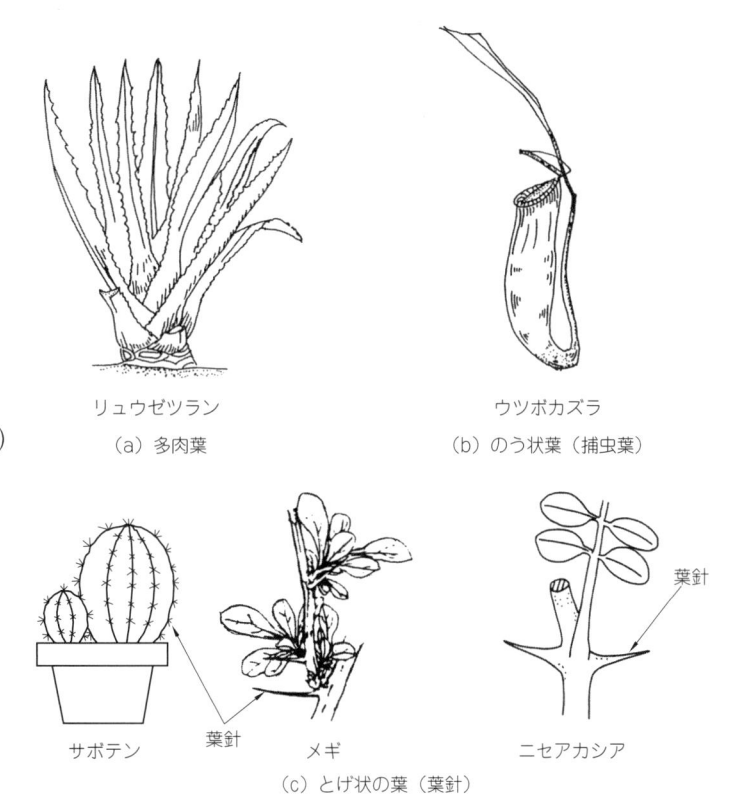

図1－40　特殊な葉と葉の変態

(9) 葉の内部構造

茎は軸状構造で横断面は中心から放射状の構造を持ち無限成長するが，葉は普通扁平な形で上面と下面（背腹性）があって葉軸の左右が対称で有限成長である。

葉の横断面（図1－41）を観察すると，表皮系は上面と下面に普通1層の表皮細胞か

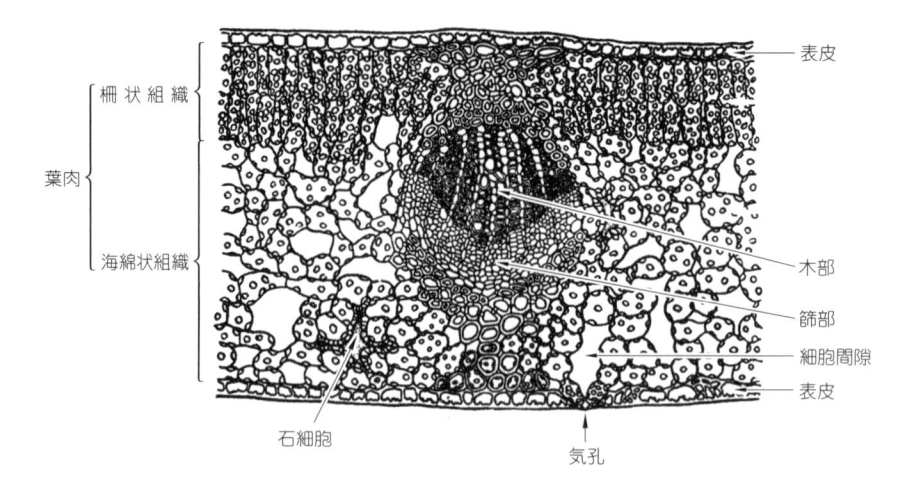

図1-41　柵状組織と海綿状組織（ツバキの葉の横断面）（小野氏原図）

らなる表皮があり，ときに2層以上あって，多層表皮という。ところどころに気孔がある。また，水孔や毛も見られる。表皮の表面には不飽和脂肪酸からなるクチクラ層がつくられるが，下面より上面のほうが厚く，水分が失われないように葉を保護している。常緑のカシ類・クスノキ類・ヤブツバキなどはクチクラ層が発達し，葉に強い光沢があるので照葉といい，これらの樹種を照葉樹（照葉林）という。被子植物の表皮細胞には，一般的に葉緑体は見られず，気孔の孔辺細胞には葉緑体がある。気孔は上面にないかあっても少なく，下面に多く，小さな穴から空気を取り込み，光合成に必要な二酸化炭素を供給している。また，蒸散の調節を行っている。毛はさまざまなものが見られ，植物体の保護，分泌，物質を体外へ出す働きを持つ。両面に密生するものもあるが，上面に多い。また無毛のものもある。

　基本組織系は葉肉と呼ばれ，光合成を行う柔細胞からなる同化組織で，葉緑体を多数持つことが特徴となっている。葉肉は細胞の形によって上側の縦長で円柱状の細胞が横に並ぶ柵状組織と下側の形や並び方が不規則な海綿状組織からなる。海綿状組織は細胞間隙が多く，CO_2，CO_2と気体のH_2Oの通り道となり，気孔を通じて外界と連絡している。光の多いところにある葉（陽葉）では柵状組織が発達し，光の少ないところにある葉（陰葉）ではその発達が少ないものが多い。維管束系は葉脈と呼ばれ上部に木部，下部に篩部がある。C_3植物（図1-42（b））の維管束は**維管束鞘**（図1-42）と呼ばれる1層の柔細胞層で周囲が取り囲まれており，葉緑体を含まず，通導や同化産物の一次的な貯蔵を行っていると考えられている。C_4植物（図1-42（a））の維管束鞘は内外2層になっていて，内側の細胞はC_3植物と共通の形質で葉緑体を持たず，外側の細胞は比較的大きく，

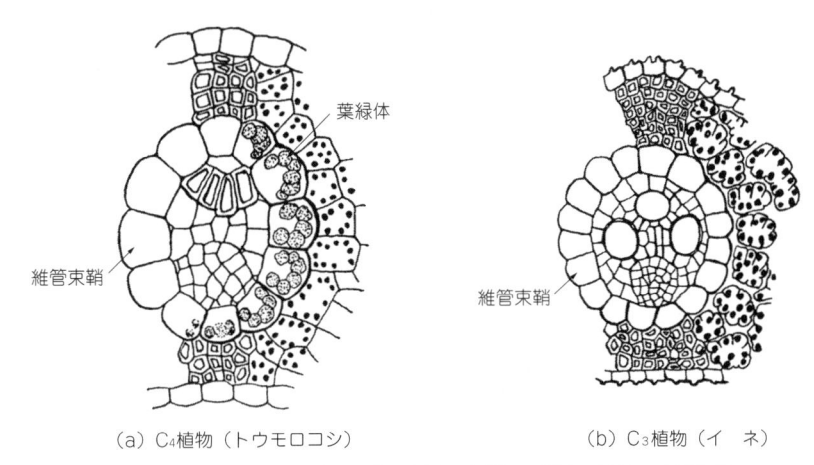

　　　　　　　　　　　　　　　　　　　　　　　　　第1章　植物の体のつくりと働き　33

（a）C₄植物（トウモロコシ）　　　（b）C₃植物（イ　ネ）
図1－42　イネ科植物の葉の維管束鞘の形態（星川氏原図）

葉緑体が豊富に含まれていて環状葉肉と呼ばれる。ただし，C₄植物では内側の維管束鞘を欠くものがある。C₄植物は熱帯のような高温・高照度の場所に適応したもので C₃植物より光合成能力が高い（サトウキビ・トウモロコシ・ハマアカザ）。

5.5　花

　花は種子形成を行う**有性生殖**（2つの生殖細胞の核が合体して新個体を生ずる生殖）のための器官の集まりで，シュート（茎・葉）が変態したものである（図1－43）。被子植物の花では，図1－44のように節間が短縮した茎（花托・花軸・花床）の各節にそれぞれ異なった種類の変形した多数の葉（**花葉**）が輪生し，花柄によって茎につく。花柄には1枚の苞葉があり，花や花序全体をつぼみのときに覆って保護している。また，花が小さく，苞葉のほうが大きく，赤色・白色・橙黄色などの色がつき花弁状で目立ち，昆虫を誘

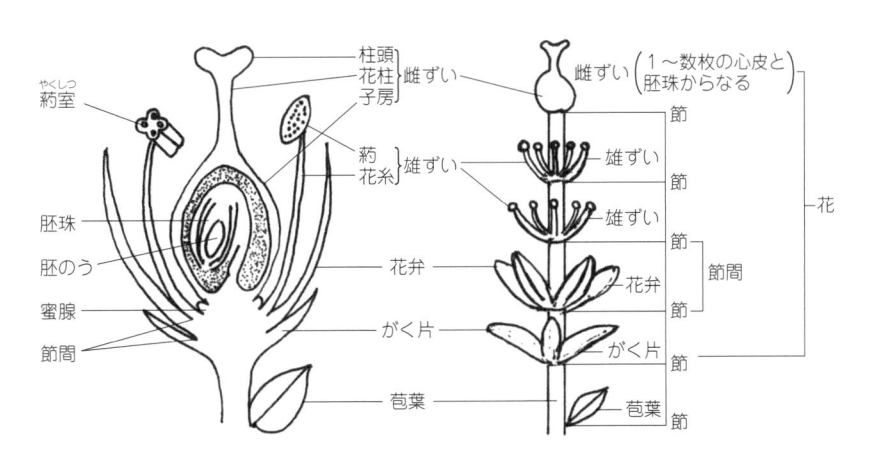

図1－43　花の構造（花はシュートが変態したものとする考え方）

引する働きを持つものもある（ブーゲンビリア・ハナミズキ・ヤマボウシ）。花葉は生殖に直接関与する雄ずい（おしべ）と雌ずい（めしべ），保護器官であるがく（萼）と花冠からなる。花は生殖器官として高度に分化し，普通葉とは著しく異なり，種属特有の形を持ち，植物を分類する上で最も重要な形質となっている。

(1) 花のつくり（構造）

花托　1つの花の中でがくや花冠などの花葉がつく茎の先端部分を花托（又は花床）と呼ぶ。花托の節間は非常に短縮して短いが，図1-44（a），（b）のように花托が球状（モミジイチゴ）や軸状（花軸・シデコブシ）で多少長くなるものもある。図1-44（c）のように花托の周囲が筒形のものを花托筒（花床筒）といい，ウメやサクラなどは花托筒の上部からがく片・花弁・雄ずいが出る。花床はキク科やマツムシソウ属の頭状花序などで，多数の花をつける平面的に広がった茎の先端部分を指す。花托と花床は同義語とする場合も多い。

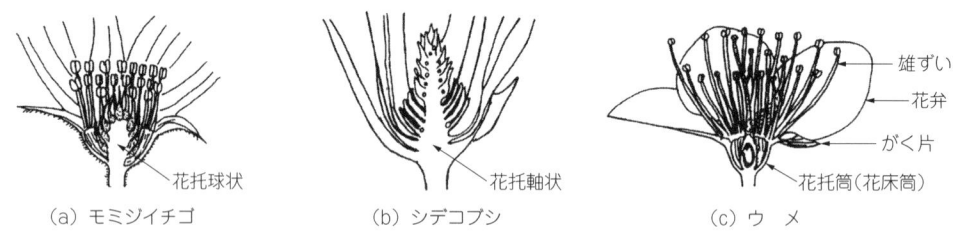

図1-44　花床と花床筒

(a) モミジイチゴ　　(b) シデコブシ　　(c) ウメ

花葉の配列と数　花葉の配列の仕方は一般に輪生だが，らせん状につく螺生（モクレン）のものもある。各花葉の数は種によって一定しており，一般的に近縁の植物である科や属などでは共通していることが多い。図1-45のように双子葉類の花葉の基本数は4，5もしくはその倍数のものが多く，それぞれ四数性（アブラナ・ミズキ），五数性（タラノキ）という。単子葉類の基本数は3もしくはその倍数のものが多く三数性という（ユリ，ラン）。また，双子葉類のハナイカダも三数性である。このように，基本数を持つことを「数性」という。

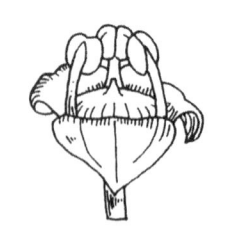

(a) 三数性（ハナイカダの雄花）　　(b) 四数性（ミズキ）　　(c) 五数性（タラノキ）

図1-45　花葉の数

がく 花の一番下（外）方にある花葉で内側の花葉と質的に異なるものをまとめてがくといい，1枚1枚はがく片という。がく片が合着したものを合片がく，離れているものを離片がくという。がく片は葉に最も似た花葉で小型で緑色のものが多いが，茶色・白色・赤色などの色のついた花弁状のものもある（図1-46）。

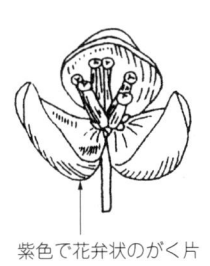

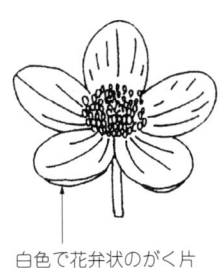

紫色で花弁状のがく片
(a) アケビの雌花

白色で花弁状のがく片
(b) イチリンソウ

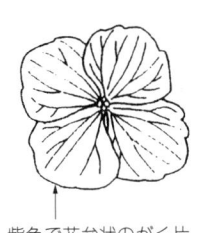

紫色で花弁状のがく片
(c) アジサイの装飾花

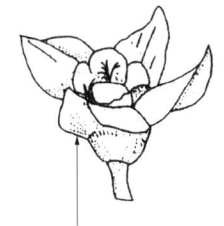

緑色で花後も残る宿存がく片
(d) カキ

図1-46 がくのいろいろ

花冠 がくと雄ずいの間にある花葉の総称で1枚1枚を花弁という。花弁は普通葉緑素を欠き，アントシアン・カロチン・フラボノールなどの色素を含み緑色以外のさまざまな花色が見られ，花粉を運ぶ昆虫（花粉媒介者）を誘引し生殖を助けている。異花被花の中で，花弁が合着したものを**合弁花冠**，離れているものを**離弁花冠**という。双子葉類は合弁花冠を持つ合弁花類（キク科・ツツジ科・キキョウ科）と離弁花冠を持つ離弁花類（バラ科・ユキノシタ科）に大別される。

花被 がくと花冠はつぼみのときに雄ずいや雌ずいを包み，開花時に花の外側にあるのでこの両者を合わせて花被という。1枚1枚の花葉を花被片といい，図1-47に示すように，この両者が質的に区別できないものを同花被花（ユリ・ラン・タイサンボク・シキミ）といい，がく（がく片），花冠（花弁）とはいわず，それぞれ外花被（片），内花被（片）という。また，形や色が明瞭に区別できるものを異花被花（サクラ・ツツジ）という。花被を持つ花を有花被花といい，そのうち外花被と内花被があるものを両花被花（一般的な花），どちらか片方しかない花を単花被花（外花被のみ：クリ・クルミ・アケビ。

外花被　内花被
(a) 同花被花
（ササユリ）

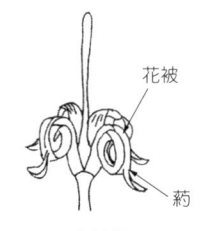

花被
葯
(b) 同花被花
（ヤマモガシ）

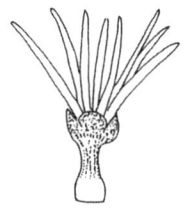

(c) 単花被花（外花被）
（クリの雌花）

(d) 無花被花
（フサザクラ）

図1-47　花　　被

内花被のみ：ハナウド）という。また，花被がないものを無花被花（ヤナギ類・センリョウ・フサザクラ）という。

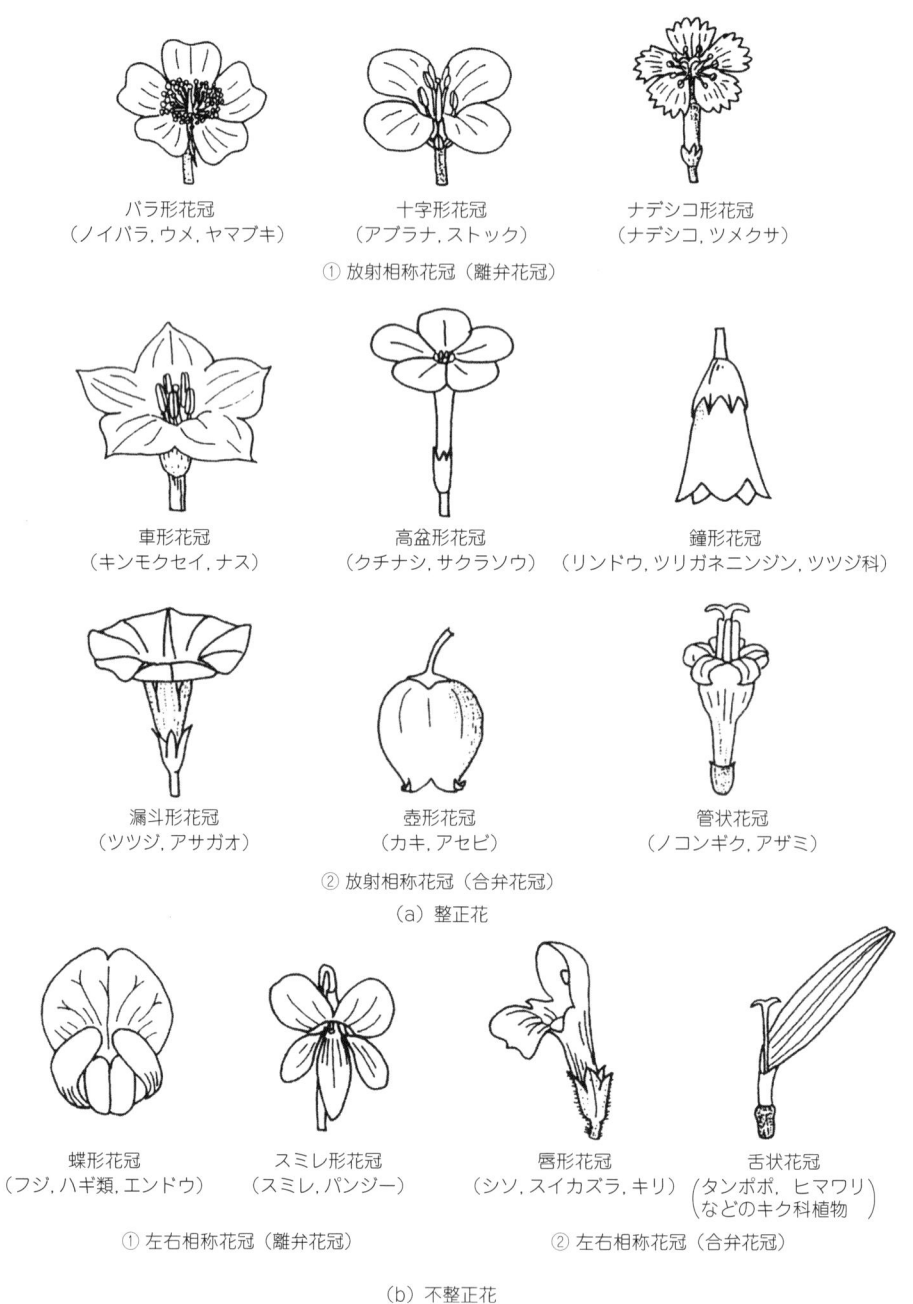

バラ形花冠
（ノイバラ，ウメ，ヤマブキ）

十字形花冠
（アブラナ，ストック）

ナデシコ形花冠
（ナデシコ，ツメクサ）

① 放射相称花冠（離弁花冠）

車形花冠
（キンモクセイ，ナス）

高盆形花冠
（クチナシ，サクラソウ）

鐘形花冠
（リンドウ，ツリガネニンジン，ツツジ科）

漏斗形花冠
（ツツジ，アサガオ）

壺形花冠
（カキ，アセビ）

管状花冠
（ノコンギク，アザミ）

② 放射相称花冠（合弁花冠）

(a) 整正花

蝶形花冠
（フジ，ハギ類，エンドウ）

スミレ形花冠
（スミレ，パンジー）

唇形花冠
（シソ，スイカズラ，キリ）

舌状花冠
（タンポポ，ヒマワリ などのキク科植物）

① 左右相称花冠（離弁花冠）　　　② 左右相称花冠（合弁花冠）

(b) 不整正花

図 1-48　花　冠

花の形は主に花冠の形で特徴づけられる。花冠は相称性に基づき放射相称花冠（整正花）と左右相称花冠（不整正花）に分けられ，前者は同形の花弁が花の中心から放射方向

に均等に配列したものをいい（図1-48（a）），後者は花冠の対称面が1つしかないものをいう（図1-48（b））。また，相称面を持たないものを非相称花冠（トモエソウ，エゾシオガマなど）という。

雄ずい 雄性の生殖器官で，花粉をつくる花葉を雄ずいという。数は種によって一定している場合が多いが，バラ科やキンポウゲ科では多数見られ，これらをまとめて**雄ずい群**という。図1-49に示すように，普通は花糸と花粉を形成する葯の部分からできている。モクレンやスイレンの仲間では葉状雄ずいといい，鱗片状の葉に葯がついており，雄ずいが葉から由来したことがわかる。また，トウゴマやオトギリソウの1種では，雄ずいは多数に分枝していて分枝雄ずいと呼ばれる。

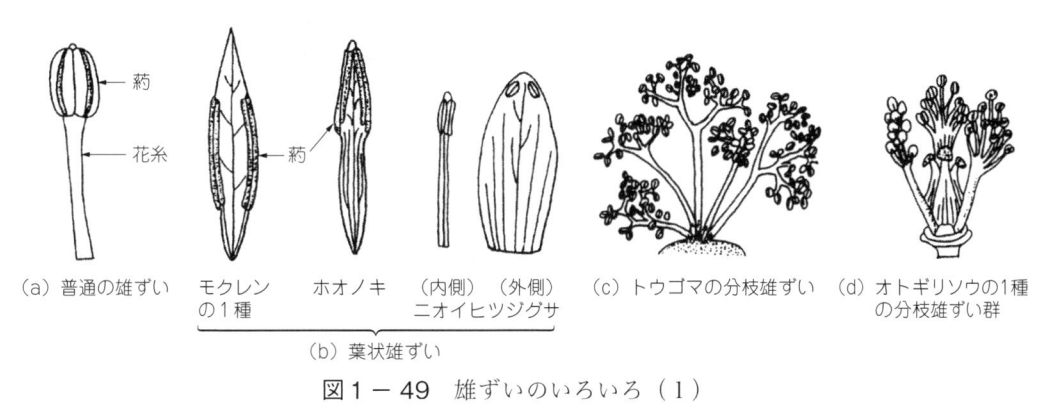

(a) 普通の雄ずい　(b) 葉状雄ずい　モクレンの1種　ホオノキ　（内側）（外側）ニオイヒツジグサ　(c) トウゴマの分枝雄ずい　(d) オトギリソウの1種の分枝雄ずい群

図1-49　雄ずいのいろいろ（1）

一般に，雄ずいは1本1本が離れて同形同大のものが多いが，葯や花糸が合着したもの（図1-50）や長さの異なるものもある。雄ずいが4本あるうち2本が長いものを二強雄ずい，6本あるうち4本が長いものを四強雄ずいという（図1-51）。

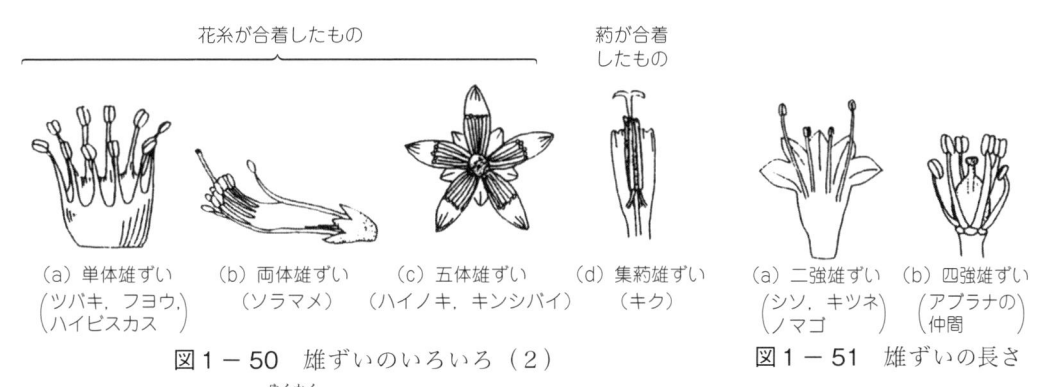

花糸が合着したもの　　葯が合着したもの

(a) 単体雄ずい（ツバキ，フヨウ，ハイビスカス）　(b) 両体雄ずい（ソラマメ）　(c) 五体雄ずい（ハイノキ，キンシバイ）　(d) 集葯雄ずい（キク）　　(a) 二強雄ずい（シソ，キツネノマゴ）　(b) 四強雄ずい（アブラナの仲間）

図1-50　雄ずいのいろいろ（2）　　図1-51　雄ずいの長さ

葯（花粉のう）は，葯隔によって2分され，その1つに2つの室があり，その中で多数の花粉がつくられる。

花粉は，雄性の生殖細胞（配偶子）をつくる配偶体で内膜とかたい外膜からなり，内部

に生殖核（雄原核）と花粉管核（栄養核）を持つ。植物の種類によってその形や大きさ，外膜の模様，色，発芽孔のようすなどが決まっていて種属の特徴となっている。

雌ずい 雌性の生殖器官で，被子植物では心皮と呼ばれる花葉が1～数枚縫合して1つの雌ずいをつくる。1つの花の雌ずいをまとめて雌ずい群という。

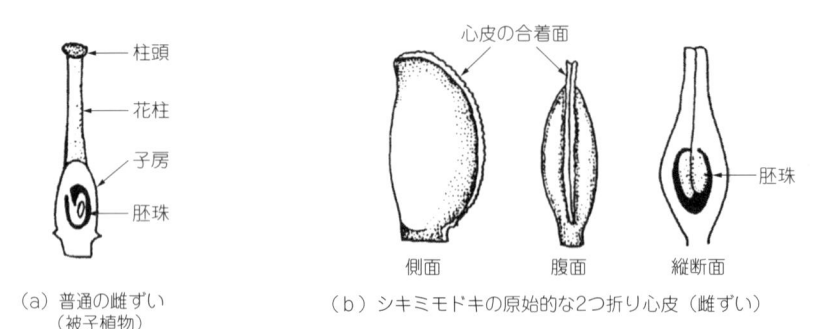

（a）普通の雌ずい（被子植物）

（b）シキミモドキの原始的な2つ折り心皮（雌ずい）

図1－52　雌ずい

典型的な雌ずいは子房・花柱・柱頭の3つの部分からなり，子房内に胚珠がある（図1－52（a））。南半球にあるシキミモドキの雌ずいは図1－52（b）のように葉が2つに折れて，葉縁部が合着したことを示しており，古い形を残し葉から由来したことがわかる。

このように雌ずいは，被子植物特有の構造で，胚珠が子房で包まれていることから被子植物といい，裸子植物は図1－53のように胚珠が子房で包まれず裸の状態なので裸子植物という。

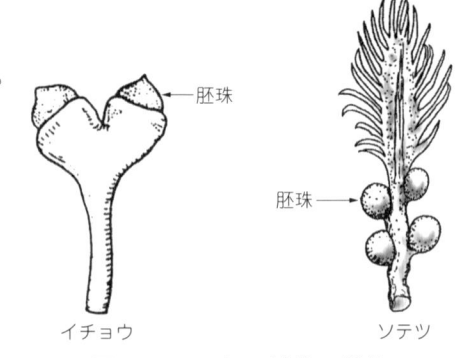

図1－53　裸子植物の雌花

心皮 普通，1枚1枚が識別できるものではなく概念上の器官で，1～数枚が1つの雌

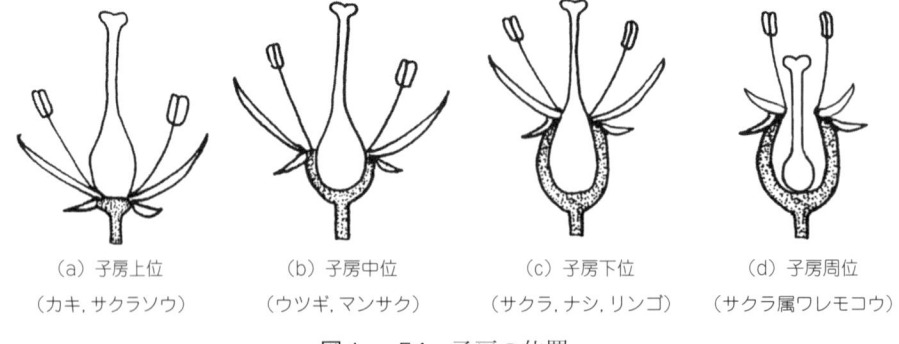

（a）子房上位（カキ，サクラソウ）　（b）子房中位（ウツギ，マンサク）　（c）子房下位（サクラ，ナシ，リンゴ）　（d）子房周位（サクラ属ワレモコウ）

図1－54　子房の位置

ずいをつくる。心皮の数によって1心皮雌ずい・2心皮雌ずい・3心皮雌ずい，多心皮雌ずい（アオギリ）と呼ぶ。

子房と他の花葉（雄ずいや花被）との位置関係から次の4型に分ける（図1-54）。子房が他の花葉よりも上にあるものを子房上位，他の花葉のつく位置が子房の中位にあるものを子房中位，子房の位置が他の花葉より下につくものを子房下位という。

また，子房がくぼんだ花托の中央について花托と合着せず，花托の上縁に他の花葉がつく場合を子房周位という。

胚珠は珠心とこれを包む珠皮からなる（図1-55）。珠皮の先端部に穴がありこれを珠孔という。珠心に胚のう母細胞が生じてこれが減数分裂を行い胚のうをつくる。胚のうは普通8核性で，珠孔側には1個の卵細胞と2個の助細胞からなる卵装置をつくり，反対側に3個の反足細胞と中央に遊離した2個の極核がある。

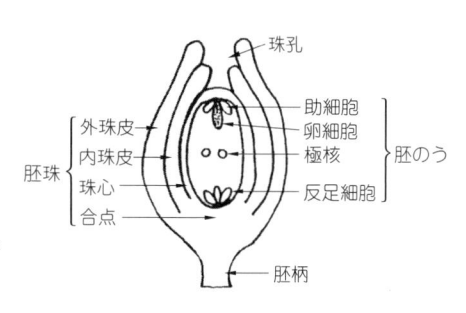

図1-55 胚珠の縦断面

被子植物の胚のうの形は多様で，図で示したものの他に4核性や16核性などもある。

雌ずいと雄ずいの両方を持つ花を両性花，片方を欠くものを単性花という。単性花には雌花と雄花があり，1つの個体に雌花と雄花を持つものを雌雄同株（クリ・キュウリ），別々の個体に生じるものを雌雄異株（アオキ・ヤマモモ）という。雌ずいも雄ずいも退化して花被だけのものを中性花といい，アジサイなど花被が大きいものは装飾花ともいう。

(2) 花　序

花が花軸に配列する状態を花序という。花序は花軸の下の花から開花する**無限花序**と花軸の上から開花する**有限花序**に大別される。主軸のまわりに花がつく型のものを**単一花序**といい，単一花序が集まってできているものを**複合花序**という。これらを基準として図1-56のように花序は細分されている。また，複合花序のうち枝は何回も分枝するが，花序軸の位置が低いものほど大きく，外観が円錐形になるものを円錐花序という（ヌルデ・ネズミモチ・ムクロジ）。花序は典型的なものは区別できるが中間的なものもある。

40　植物学概論

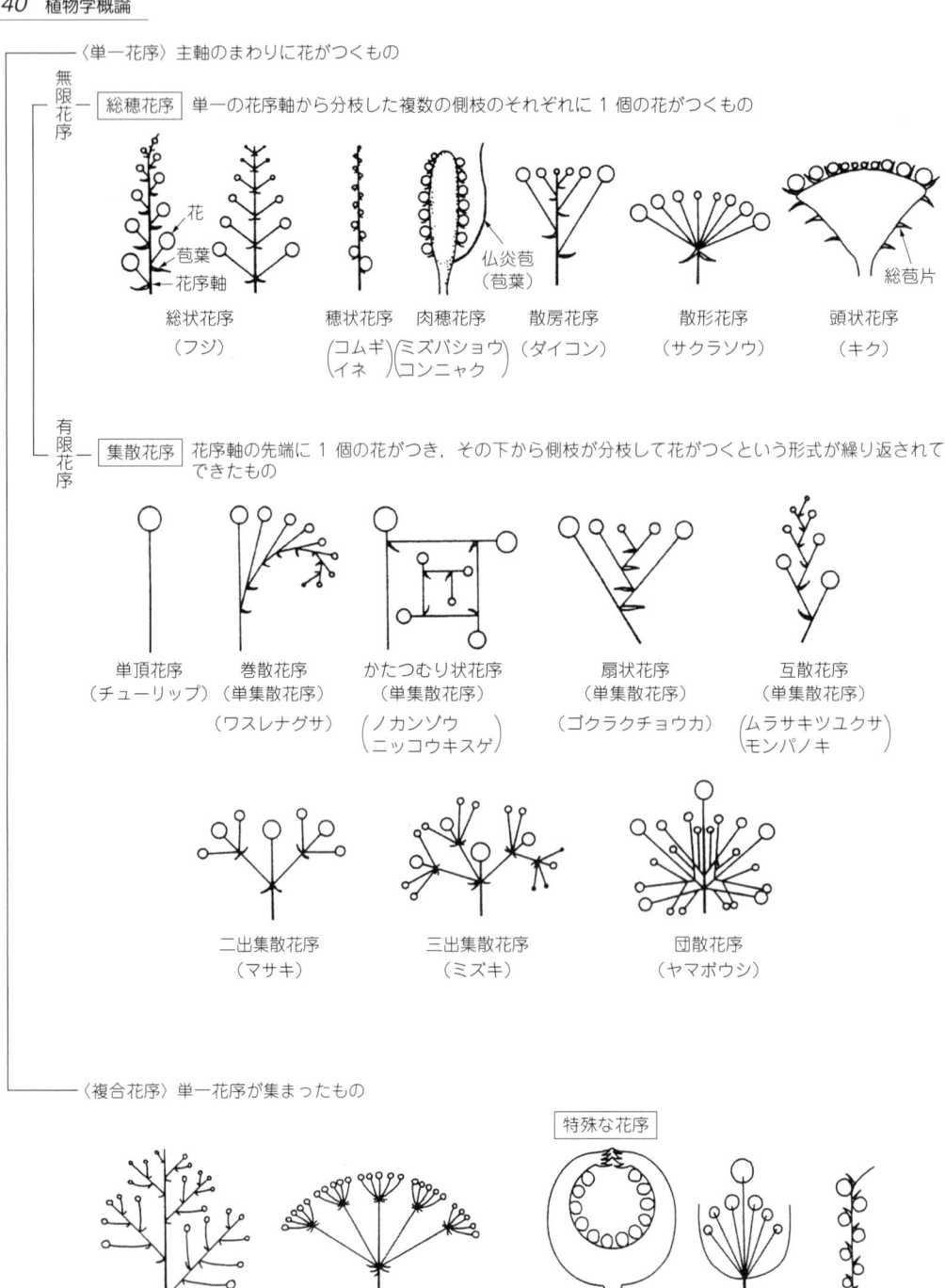

〈単一花序〉主軸のまわりに花がつくもの

無限花序

総穂花序　単一の花序軸から分枝した複数の側枝のそれぞれに1個の花がつくもの

　　　　　　花
　　　　　苞葉
　　　　花序軸

　　　　　　　　　　　　　　　　　　　仏炎苞
　　　　　　　　　　　　　　　　　　　（苞葉）

　　　　　　　　　　　　　　　　　　　　　　　　　　　　　　　　　　　総苞片

総状花序　　穂状花序　肉穂花序　　散房花序　　散形花序　　頭状花序
（フジ）　　（コムギ　（ミズバショウ　（ダイコン）　（サクラソウ）　（キク）
　　　　　　イネ）　　コンニャク）

有限花序

集散花序　花序軸の先端に1個の花がつき，その下から側枝が分枝して花がつくという形式が繰り返されてできたもの

単頂花序　　巻散花序　　かたつむり状花序　　扇状花序　　互散花序
（チューリップ）（単集散花序）（単集散花序）　（単集散花序）（単集散花序）
　　　　　　（ワスレナグサ）（ノカンゾウ　　（ゴクラクチョウカ）（ムラサキツユクサ
　　　　　　　　　　　　　ニッコウキスゲ）　　　　　　　　　モンパノキ）

二出集散花序　三出集散花序　団散花序
（マサキ）　　（ミズキ）　　（ヤマボウシ）

〈複合花序〉単一花序が集まったもの

特殊な花序

複総状花序（円錐花序の1種）　複散形花序　　隠頭花序　　椀状花序　　尾状花序
（ナンテン，ソバナ）　　　　　（セリ）　　　（イチジク）　（トウダイグサ）（ブナ，クワ，ヤナギ）

注）花の円の大きさのちがいは大きいものから小さいものへと開花していく。
　　図は平面的だが，実際の花序は立体的に配置されている。

図1－56　花　　序

5．6 種　　子

　種子は受精後，胚珠が発達して形成され，成熟すると親の植物体から離れて新しい個体のもとになるものである。種子は，普通，**胚**（幼植物体）と**内乳**及びその外側を包んでいる**種皮**からできている。種子は種属保存のために形成されたものであるから，胚を保護して，芽生えの成長に必要な養分を蓄えている。種子植物（裸子植物・被子植物）特有の繁殖器官である。

　受精卵が細胞分裂を繰り返して成長してできた幼植物体を胚という。胚は，子葉・胚軸・幼根からなり，さらに幼芽が形成されている植物も多い。内乳は，種子が発芽して胚が自立できるようになるまでの養分を蓄えた組織で，養分になる物質を胚乳といい，貯蔵物質としてデンプン・脂肪・タンパク質などが含まれている。イネやコムギは図1－57に示すように内乳に多量のデンプン粒を含む細胞からなるが，その外側にはタンパク質を多量に含んだ**糊粉層**（アリューロン層）がある。

　また，成熟した種子の中に内乳が存続するものを**有胚乳種子**，発生の初期には内乳が見られるが，成熟時にはなくなるものを**無胚乳種子**という。無胚乳種子は子葉が著しく発達して貯蔵物質を蓄えるものが多く（マメ科・クリ・カシ類），アブラナ（ナタネ）などは多量の脂肪が含まれている。ランの種子は微細で重さはナツエビネで0.00002mg，ネジバナは0.001mgと非常に軽く，貯蔵物質を蓄えてなく，ラン菌と共生することによって発芽が可能となる。世界最大の種子はフタゴヤシで，果実は長さ30～45cm，重さ10kg以上でその中に1個の種子がある。

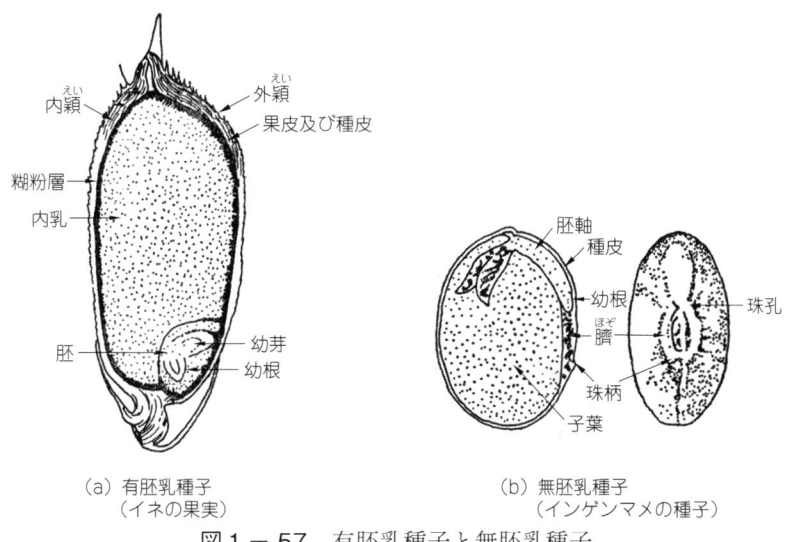

　　　（a）有胚乳種子　　　　　　　（b）無胚乳種子
　　　　（イネの果実）　　　　　　（インゲンマメの種子）
　　　　　図1－57　有胚乳種子と無胚乳種子

種皮は種子の表面を覆う皮膜で珠皮に由来する。種皮には薄い膜状のもの（キク科，セリ科）やヤナギの仲間やワタでは細長い綿毛がたくさん見られ，ユリやヤマイモなどには翼がある。種皮は胚を乾燥や動物から守り，発芽時には水分を吸収し，毛や翼は散布に役立つなど種類によってさまざまである。

5.7 果　　実

被子植物で受精後子房又は花の一部を付随して発達肥大したものが果実である。種子を包む部分を果皮といい，子房壁が発達したものである。胚のうで受精が起こらず子房だけが発達して無種子の果実が生じることもある。これを**単為結実**といい，いわゆる種なしで食用にするバナナ・ウンシュウミカン・パイナップルなどに見られる。また，果実は被子植物特有の器官で，裸子植物には胚珠を包む子房がないので，種子はつくるが真の果実とはいえない。果実は種子を保護し，動物の体についたり，食われて未消化の種子がふんとともに排出されることにより遠くまで運ばれ，分布を広げることや，果実の中に発芽を抑制する物質が含まれ，胚の成長に適する時期まで発芽を抑制する働きを持つものもある。果皮は普通，外側から外果皮・中果皮・内果皮に分けられ，食用にする果肉の部分は中果皮が発達したものである。

(1) 果実の大別

果実は発達する部位によって図1－58のように**真果**と**偽果**に分けられる。

真果は子房が発達して果実となったもので（子房上位・子房中位：モモ・カキ・ウメ・ブドウ・トマト），偽果は子房とそれ以外の花托・花軸・がくなどが加わってその部分が発達したもの｛子房下位（花托：ナシ・リンゴ・ビワ・オランダイチゴ・花軸：イチジク）｝である。

果実を構成する雌ずいや花の数により，**単果**，**集合果**，**複合果**に区分する。1花で1つの雌ずいからできた単果，1花の複数の雌ずいからできた果実が集まり1つの果実状に見えるものを集合果（オランダイチゴ・キイチゴ），多数の花からできた複数の果実が集まり1つの果実状に見えるものを複合果（パイナップル・イチジク・ヤマボウシ）という。

果皮の性質で**乾果**，**液果**に区分する。乾果は果皮が木質や草質になって成熟後乾燥する果実をいい，そのうち成熟後果皮が自然に裂開するものを**裂開果**，裂けないものを**閉果**（非裂開果）という。液果は多肉質で水分含量が多く，成熟後も乾燥しないやわらかい果皮を持ち，裂開しない果実で，**多肉果・湿果**ともいう。

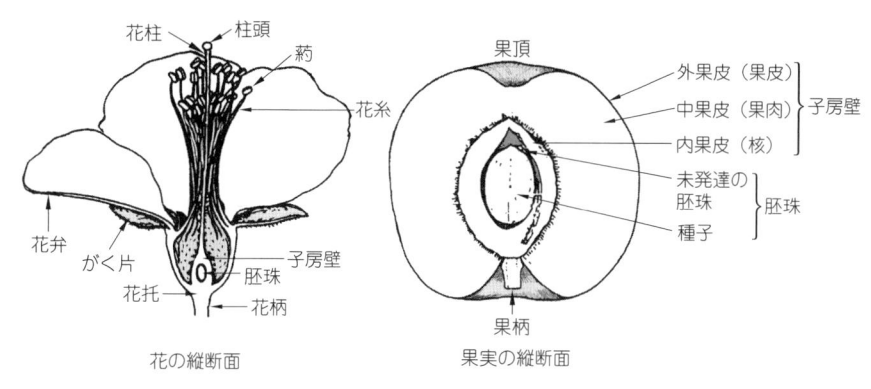

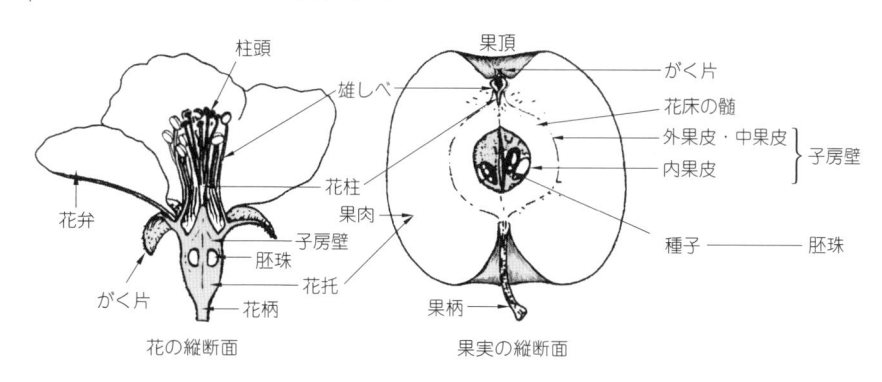

図1－58　真果と偽果の花と果実の構造

（2） 果実の多様性

　果実の分類の基準にはいろいろあるが，中間的なものもあり完全な分類法は確定していない。その1つ，果実を単果・集合果・複合果に分けて，さらに細分したものを示す。

a．単果

〔乾果〕

　これは閉果と裂開果に分けられるが，そのうち閉果（図1－59）には，堅果(けんか)（クリ・コナラ），翼果(よくか)（カエデ・アキニレ），痩果(そうか)（センニンソウ），下位痩果（タンポポ・ヒマワリ），穎果(えいか)（イネ科）がある。また，裂開果（図1－60）には，袋果(たいか)（カツラ），豆果（ダイズ），節果（ヌスビトハギ・モダマ），長角果（アブラナ），短角果（ナズナ），蒴果(さくか)（ユリ，スミレ，アオギリ），蓋果(がいか)（マツバボタン・スベリヒユ），孔開蒴果（ケシ・ツリガネニンジン），分離果（セリ・フウロソウ）などがある。

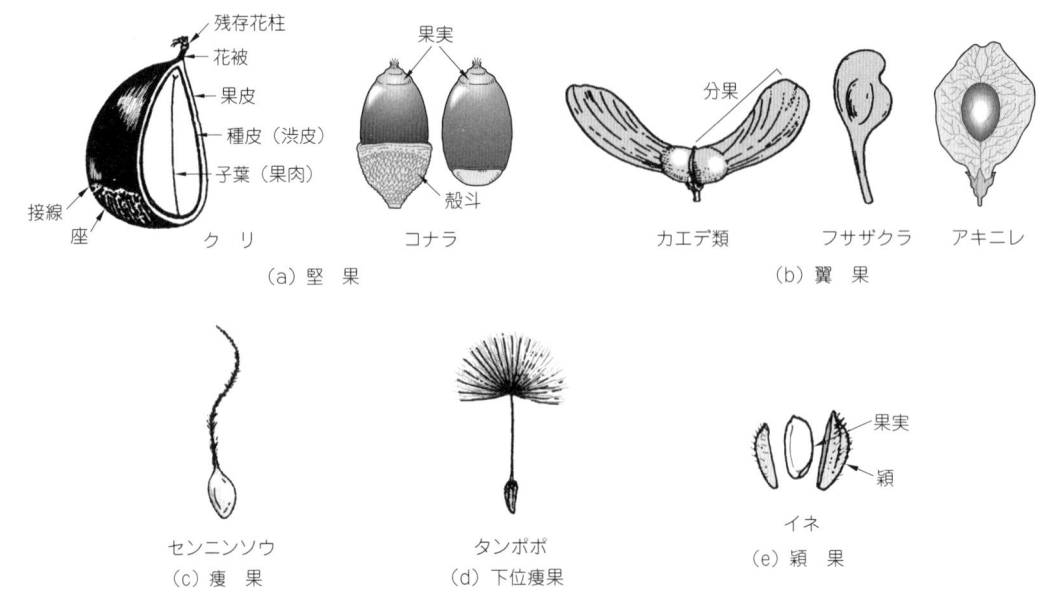

図1-59 単果のいろいろ（乾果-閉果）

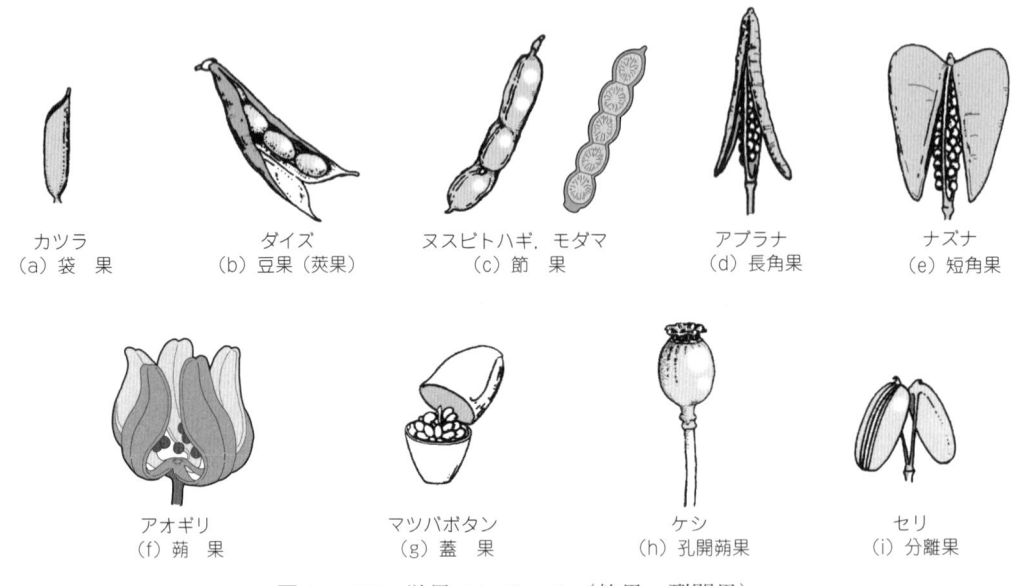

図1-60 単果のいろいろ（乾果-裂開果）

〔液 果〕

核果（ウメ・モモ・ヤマザクラ），漿果｛図1-61（a）（ブドウ・カキ）｝，ミカン状果｛図1-61（b）（ウンシュウミカン・レモン）｝，ウリ状果｛図1-61（c）（メロン・スイカ・キュウリ）｝，ナシ状果（リンゴ・ナシ）がある。

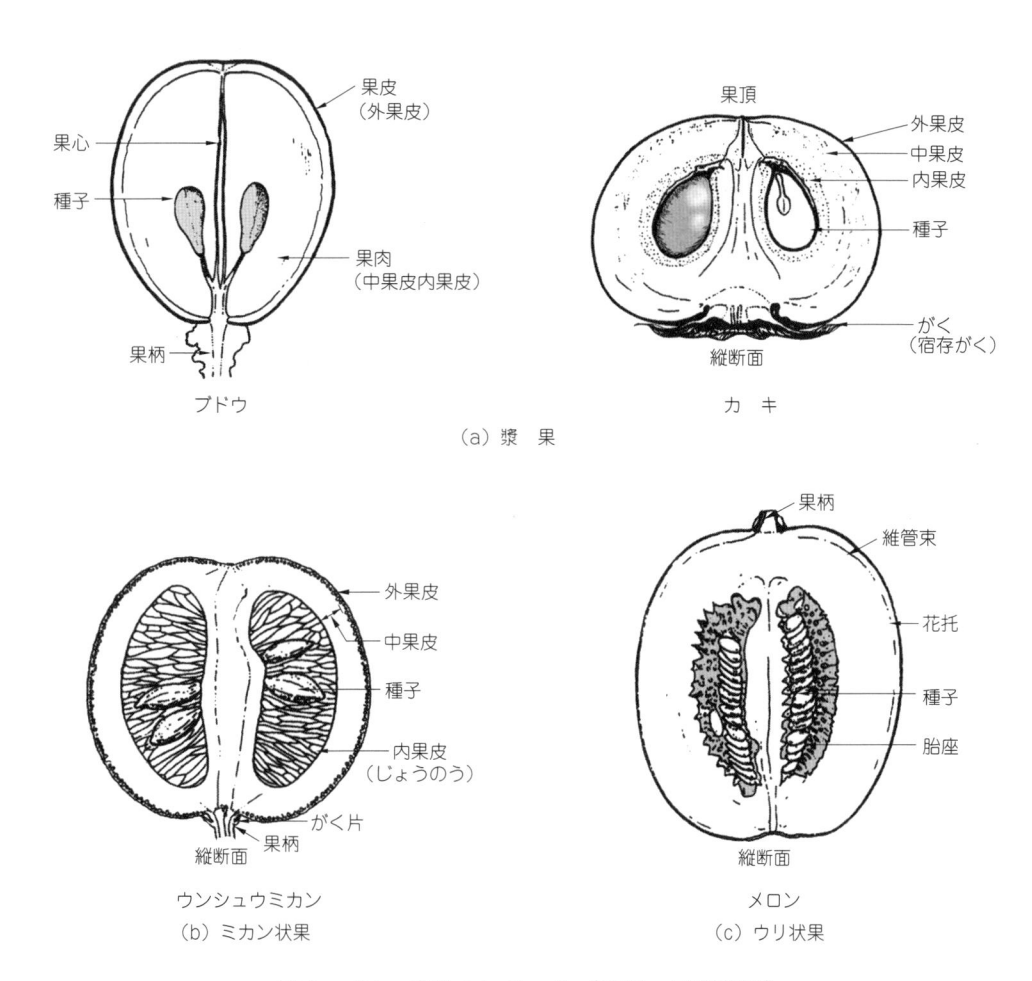

図1-61　単果のいろいろ（液果-不裂開果）

(a) 漿果　ブドウ／カキ
(b) ミカン状果　ウンシュウミカン
(c) ウリ状果　メロン

b．集合果

集合果にはイチゴ状果（オランダイチゴ・ヘビイチゴ），キイチゴ状果（モミジイチゴ・ブラックベリー），バラ状果（ハマナス・ノイバラ）がある（図1-62）。

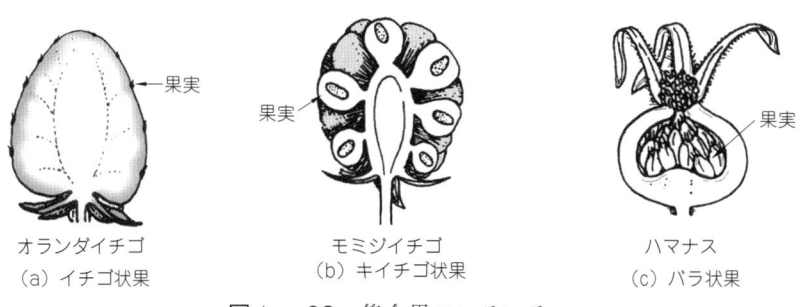

図1-62　集合果のいろいろ

(a) イチゴ状果　オランダイチゴ
(b) キイチゴ状果　モミジイチゴ
(c) バラ状果　ハマナス

c．複合果

複合果には，クワ状果｛図1−63 (a)（クワ・パイナップル）｝，イチジク状果｛図1−63 (b)（イチジク・イタビカズラ）｝がある。

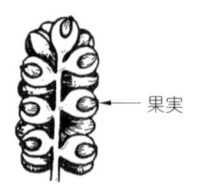

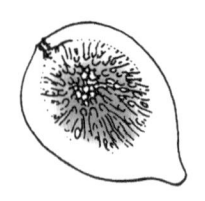

クワ
(a) クワ状果

イチジク
(b) イチジク状果

図1−63　複合果のいろいろ

d．裸子植物

裸子植物には果実はできないが，針葉樹にはいわゆるマツボックリができる。これは雌花序が発達したもので，形態的には集合果に似ていて球状果（毬果）と呼ばれる（図1−64）。また，イチョウは種皮が多肉化し，イチイは仮種皮が発達したもので果実に似ているが果実ではない。

クロマツ
球状果

図1−64　裸子植物

第1章の学習のまとめ

- 植物には，葉状植物（無維管束植物）と維管束植物がある。
- 植物の体は，細胞→組織→組織系→器官によって個体がつくられている。
- 植物は，根・茎・葉の基本的な器官からできている。花は茎と葉が変態したもので，基本的な器官に入れないが，生殖器官として区別される。
- 生物は，単細胞生物と多細胞生物に分けられる。
- 細胞は，核膜のない原核細胞（生物）と核膜がある真核細胞（生物）に分けられる。
- 真核細胞は，原形質と後形質からなる。原形質は核と細胞質に分けられ，細胞質は細胞膜・細胞質基質・リボソーム・ミトコンドリア・小胞体・ゴルジ体・リソソーム・色素体からなる。
- 後形質には液胞，細胞含有物，細胞壁などがある。
- 同じ構造と機能を持つ細胞の集まりを組織という。
- 組織は，分裂能力の有無（分裂組織・成熟組織），細胞壁の厚さ（柔組織・厚角組織・厚壁組織），働き（表皮組織・同化組織・貯蔵組織・分泌組織・機械組織・通導組織・通気組織）などにより分けられる。
- 組織相互の関連が密接ないくつかの組織が集まったものを組織系という。
- 組織系はいくつかの分け方があるが，ザックスは表皮系・基本組織系・維管束系に区分し，ファンティーゲンは表皮・皮層・中心柱に分けている。
- 器官を根・茎・葉に区分する考え方と根・シュート（茎・葉）に分ける考え方がある。
- 芽は若いシュートで，頂芽・側芽・休眠芽（冬芽）などがある。
- 根は主根・側根・細根に分けられ，主根系とひげ根系がある。また，根が変態したものとして貯蔵根・支柱根・呼吸根・付着根などが見られる。
- 茎は地上茎と地下茎に分けられる。茎が変態したものとして，扁茎・多肉茎・むかご・巻きひげ・茎針などがある。茎の肥大成長は維管束形成層が細胞分裂して内側に二次木部，外側に二次篩部をつくり，二次木部が増加して材となり肥大する。肥大成長するに伴い表皮と気孔は壊れて脱落し，それにかわって周皮と皮目が形成される。
- 葉は葉身，葉柄，托葉からなり，単葉と複葉がある。葉脈は二又脈・網状脈・平行脈などがある。葉序は互生・対生・輪生がある。また，葉の変態したものとして，多肉葉・捕虫葉・葉針などがある。
- 花は短縮した茎（花托）と葉が変態した花葉からなり，花葉はがく（がく片）・花冠（花弁）・雄ずい群（雄ずい）・雌ずい（心皮・胚珠）からなる。
- 被子植物は胚珠が子房に包まれ，裸子植物は胚珠が子房で包まれず裸出する。花弁が合着したものを合弁花冠（合弁花類），花弁が分かれているものを離弁花冠（離弁花類）という。

- 種子は胚・内乳・種皮からなる。有胚乳種子と無胚乳種子があり，無胚乳種子は内乳が退化して子葉が発達し，養分を蓄える。
- 果実は子房壁が発達した真果と，子房とそれ以外の花の部分が発達した偽果がある。また，単果 ｛乾果（閉果－裂開果），液果（不裂開果）｝，集合果，複合果などに分けられる。

【練習問題】

1．原核細胞の特徴を述べなさい。

2．次の文は細胞と細胞小器官の特徴が記してある。（　）に最も適切な用語を答えなさい。
　（1）　ラン藻や（　①　）の細胞のように核膜で囲まれた明瞭な核を持たない細胞を（　②　）といい，明瞭な核を持つ細胞を（　③　）という。
　（2）　（　④　）は内外2層の膜からなり内膜はくしの歯状になり，エネルギーを生産している。
　（3）　（　⑤　）は内外2層の膜で包まれ内部にはグラナとストロマがあり，ブドウ糖やデンプンを生産している。
　（4）　（　⑥　）は大小二つの粒子からなる顆粒で，細胞内のタンパク質合成の場である。
　（5）　（　⑦　）は扁平な袋状の構造が数層重なったもので，タンパク質に糖などを加え分泌物質の合成やリソソームを形成する。
　（6）　（　⑧　）は内外2層の膜で包まれ，細胞の全体の生命活動の中心で，遺伝的な形質を決める。
　（7）　（　⑨　）は細胞質の最外層にある膜で，物質の出入りの調節や刺激の受け入れ情報伝達などの働きをしている。
　（8）　（　⑩　）は袋状の構造物で，膜表面に（　⑥　）がついたものとついていないものがある。タンパク質合成や脂質合成に関与している。

3．次の文は植物のいろいろな組織の特徴が記してある。（　）に最も適切な組織の名称を答えなさい。
　（1）　茎や根の先端にある分裂組織を（　①　）という。
　（2）　特定の働きと形に分化した細胞からなる組織を（　②　）という。細胞壁が薄く，原形質に富む生理活性の高い生きた細胞からなる組織を（　③　）という。
　（3）　植物体を強固に保つための骨格となる組織を（　④　）という。細胞壁の一次壁が不均一に肥厚した細胞からなる組織を（　⑤　）といい，細胞壁の二次壁が厚く木化した細胞からなる組織を（　⑥　）という。
　（4）　細胞間隙が互いに連続して管状や網状になり，酸素，二酸化炭素の通路となる組織を（　⑦　）といい，（　⑧　）植物によく発達している。
　（5）　細胞内に多数の葉緑体を含む組織を（　⑨　）といい，水や同化物質の通路となる組織を（　⑩　）という。

（6） デンプン・糖・タンパク質・脂質などの栄養物質を多量に貯蔵する組織を（ ⑪ ）という。

（7） 植物体の表面を覆っている組織で，植物体を保護している組織を（ ⑫ ）という。

（8） 縦に並んでいる細長い細胞間のしきりがなくなってできた管状の組織で，水や無機養分の通路になっている組織を（ ⑬ ）という。

（9） 細長い生細胞が縦に並び，上下の細胞壁に小さな孔があり，糖やタンパク質の通路になっている組織を（ ⑭ ）という。

4．次の文は芽の特徴について記してある。（ ）に最も適切な用語を答えなさい。
（1） 茎と葉からなる器官を（ ① ）という。芽は若い（ ① ）で，（ ② ）とその周辺の若い茎と複数の未熟な葉を指す。茎の先端にある芽を（ ③ ）といい，茎の側方に出る芽を（ ④ ）という。花や花序がつくられる芽を（ ⑤ ）といい，葉や茎が作られる芽を（ ⑥ ）という。葉柄基部の上に出る芽を（ ⑦ ）という。環境条件が悪くなると芽が活動を休止する芽を（ ⑧ ）といい，（ ⑧ ）で冬を越す芽を（ ⑨ ）という。また（ ⑧ ）が2年以上そのままで過ごすと樹皮の中に埋め込まれるので（ ⑩ ）という。

5．次の文は根について述べたものである。（ ）に最も適切な用語を答えなさい。
（1） 1株の根全体を（ ① ）といい，2型に分けられる。ニンジンやタンポポのように幼根が伸長発達し，太い根が伸びて側根や細根が多数生じてくるものを（ ② ）といい，（ ③ ）土壌に生育する植物に多い。他は，イネ科やラン科などの植物にみられ，幼根の成長が止まり，胚軸や茎から多数の根が生じるものを（ ④ ）といい，（ ⑤ ）土壌に適応した植物に多く見られる。

（2） 種子が発芽して最初に出る根を（ ⑥ ）といい，これが成長した根を（ ⑦ ）という。世界一大きいダイコンは（ ⑧ ）である。世界一長いダイコンは（ ⑨ ）である。

（3） （ ⑩ ）は，根の先端部にあって，根が土壌の中を伸びていくときに，分裂組織を保護している。

（4） 他の植物に根を侵入させて宿主の水分や養分を吸収する根を（ ⑪ ）という。

（5） 根以外の器官から二次的に発生する根を（ ⑫ ）という。（ ⑬ ）・葉挿しはこの性質を利用したものである。

（6） 根の一部が地上に出て，ガス交換がしやすい組織をもつ根を（ ⑭ ）といい，マングローブやラクウショウなどで見られる。

（7） デンプンやイヌリンなどさまざまな物質を蓄える根を（ ⑮ ）といい，根の基本組織系の柔細胞が肥大して（ ⑯ ）となるものを一般的に（ ⑰ ）と呼ぶ。

6．次の文は茎について述べたものである。（　）に最も適切な用語を答えなさい。
（1） 葉が茎につく部分を（ ① ）といい，（ ① ）と（ ① ）の間を（ ② ）という。
（2） 草本には1年以内に花が咲き植物体が枯死する（ ③ ）草本と地上茎は枯れるが地下部が生きていて毎年地上茎を出す（ ④ ）草本がある。
（3） 地上茎がまっすぐ上に向かって成長する茎を（ ⑤ ）といい，地面をはうように伸び，ところどころから不定根を出す茎を（ ⑥ ）という。
（4） 茎の一部が細くなり，他のものに巻きつき自分の体を支えるようになったものを（ ⑦ ）という。
（5） 巻きひげや付着根で他のものに絡みつき，上方に伸びる茎を（ ⑧ ）という。
（6） 食用にしているジャガイモは地下茎が肥大したものでこれを（ ⑨ ）といい，タマネギは短縮した地下茎に厚い鱗片葉をつけこれを（ ⑩ ）という。
（7） 葉・花弁・果実はある時期になると茎から脱落するが，これは各器官の基部に（ ⑪ ）がつくられ，その働きによる。
（8） 茎の中心柱は双子葉植物では（ ⑫ ）といい，単子葉植物では（ ⑬ ）と呼ばれ，両植物の大きな違いの1つになっている。
（9） 茎が肥大成長すると表皮はやがて壊れて脱落していくが，それを補うために表皮の内側にある細胞が分裂能力を復活して（ ⑭ ）がつくられる。（ ⑭ ）は外側に（ ⑮ ），内側に（ ⑯ ）をつくり欠損する部分を補充する。
（10） 維管束形成層によって1年ごとにできた二次木部を（ ⑰ ）という。四季のある地方の（ ⑰ ）は春から初夏へのものは粗で（ ⑱ ）といい，夏から秋へのものは緻密で（ ⑲ ）と呼ばれる。また，二次篩部は維管束形成層の外側に形成され，一次篩部と二次篩部とを併せて（ ⑳ ）という。

7．次の文は葉について述べたものである。（　）に最も適切な用語を答えなさい。
（1） 種子植物の最初の葉で，種子の胚でつくられる葉を（ ① ）という。
（2） 葉が1枚の葉身からなるものを（ ② ），葉身が2つ以上の部分に分かれている葉を（ ③ ）という。（ ③ ）は主軸の左右に小葉が対称的につくものを（ ④ ）といい，葉柄の先に3枚以上の小葉がつくものを（ ⑤ ）という。
（3） 葉脈は系統を反映しておりシダ植物やイチョウの葉脈は（ ⑥ ），双子葉植物は（ ⑦ ），単子葉植物は（ ⑧ ）という。
（4） 葉は基本的に葉身・葉柄・（ ⑨ ）からなり，イネ科の葉の下部は茎を鞘状に包むようになった（ ⑩ ）を持つ。
（5） 花を構成しているがく片・花弁・雄ずい及び雌ずいの心皮は葉に由来したもので，これらを総称して（ ⑪ ）という。

（6）シュートの下部につくられる普通葉以外の葉を（ ⑫ ）といい，シュートの上部につくられる（ ⑪ ）以外の特殊な葉を（ ⑬ ）という。

（7）葉身の周辺部を葉縁といい，葉縁に凹凸のないものを（ ⑭ ），細かい切れ込みを（ ⑮ ）といい，深い切れ込みを（ ⑯ ）という。

8．次の文は花について述べたものである。（ ）に最も適切な用語を答えなさい。
（1）被子植物の花は子孫を残すための（ ① ）を形成する生殖器官で，（ ② ）が短縮した茎に葉が変態した多数の花葉が各節に（ ③ ）し，花柄によって茎につく。
（2）花の一番下にある花葉をまとめて（ ④ ）といい，がく片が合着したものを（ ⑤ ），離れているものを（ ⑥ ）という。
（3）花弁は普通葉緑素を欠き（ ⑦ ）・カロチン・フラボノールなどの色素を含み緑色以外のさまざまな花色が見られる。
（4）花弁が合着したものを（ ⑧ ），離れているものを（ ⑨ ）という。
（5）ユリやランのように外花被と内花被が質的に区別ができないものを（ ⑩ ）といい，サクラやツツジのように形や色が明瞭に区別できるものを（ ⑪ ）という。ヤナギやセンリョウのように花被がないものを（ ⑫ ）という。
（6）雄ずいが4本あるうち2本が長いものを（ ⑬ ）といい，6本あるうち4本が長いものを（ ⑭ ）という。
（7）雌ずいは（ ⑮ ）植物特有な構造で，胚珠が（ ⑯ ）で包まれていることから（ ⑮ ）植物といい，（ ⑰ ）植物は胚珠が（ ⑯ ）で包まれず裸の状態なので（ ⑰ ）植物という。
（8）胚珠は（ ⑱ ）とこれを包む（ ⑲ ）からなり，（ ⑱ ）に胚のうが形成される。胚のうは，普通8核性で，珠孔側に1個の（ ⑳ ）と2個の助細胞をつくり，反対側に3個の反足細胞と中央に遊離した2個の（ ㉑ ）がある。
（9）花序は花軸の下の花から開花する（ ㉒ ）と花軸の上から開花する（ ㉓ ）がある。また，主軸のまわりに花がつくものを（ ㉔ ）といい，（ ㉔ ）が集まってできているものを（ ㉕ ）という。
（10）単一の花序軸から分枝した複数の側枝のそれぞれに1個の花がつくものを（ ㉖ ）といい，花序軸の先端に1個の花がつき，その下から側枝が分枝して花がつくという形式が繰り返されてできたものを（ ㉗ ）という。

9．次の文は果実と種子について述べたものである。（ ）に最も適切な用語を答えなさい。
（1）子房壁が発達して果実になったものを（ ① ）といい，食用にする果肉は（ ② ）果皮が発達したものである。

（2） 子房とそれ以外の花托・花軸・がくなどが加わってその部分が発達した果実を（ ③ ）という。

（3） 果皮が木質や草質になって成熟後乾燥する果実を（ ④ ）といい，多肉質で水分含量が多く，後も乾燥しない果実を（ ⑤ ）という。

（4） 果実は（ ⑥ ）植物特有の器官である。（ ⑦ ）植物には胚珠を包む子房がないので，種子はつくるが真の果実はできないが，針葉樹にはいわゆるマツボックリができる。これが果実に似ているので（ ⑧ ）という。イチョウは（ ⑨ ）が多肉化して果実に似ているが果実ではない。

（5） 1花で1つの雌ずいからできた果実を（ ⑩ ），1花の複数の雌ずいからできた果実が集まり1つの果実状に見えるものを（ ⑪ ），多数の花からできた複数の果実が集まり1つの果実状に見えるものを（ ⑫ ）という。

（6） 種子は，普通，胚と（ ⑬ ）及びその外側を包んでいる（ ⑨ ）からなっている。胚は子葉・（ ⑭ ）・幼根からなり，さらに（ ⑮ ）が形成されている植物も多い。

（7） 成熟した種子の中に（ ⑬ ）が存続するものを（ ⑯ ）といい，発生の初期には見られるが，成熟した種子の中に（ ⑬ ）がないものを（ ⑰ ）という。

第2章

植物の生活

　ここでは，植物の生活を支えている生理的営みのしくみや，それと環境とのかかわりについて理解を深めることを目的としている。このことが健全な植物を育てる基本となるのである。

第1節　植物の生理

　植物の発芽や成長や開花・結実などは，植物の体内で行われているいろいろな生理的な営みの総合された結果である。そこでまず，植物の一生を概観し，その後，植物の生活の第一歩である発芽から開花・結実に至るまでにかかわる生理作用について述べる。

1．1　植物の一生

　植物の一生は，種子の発芽から始まる。厳密には，受精して種子の胚の形成が始まったときである。発芽した種子は芽生えとなり，さらに茎・葉・根などの器官をつくりながら成長し，植物の体がある程度大きくなると茎の頂芽や側芽に花芽を形成し，それが成長して花となり，開花・結実して一生を終る。この一生は栄養器官をつくる**栄養成長期**と，花を生じ実を結ぶ**生殖成長期**とに大きく分けられる。しかし，マメ類などのように栄養成長を続けながら生殖成長を併行する植物もあり，果樹類では最初は栄養成長のみであるが**結果年齢**[*]に達してからは栄養成長をしながら生殖成長を行うのが普通である。

　植物の一生は，その長さを基準にして分けると，次の3つのグループに分けることができる。

---

[*]　結果年齢：1年生の苗木を植えてから，初めて花を開き実を結ぶまでの年数。
　　　　モモ2〜3年，ブドウ3〜4年，カキ・クリ・サクランボ4〜5年，リンゴ5〜7年

1年生植物 生育期間が1年以内のもので，春に発芽し，秋の終りまでに開花・結実するもので，イネやダイズなどがこれに属する。また，秋に種子をまき，幼植物時代に冬の寒い時期を経過し，翌春から夏にかけて開花・結実するものを越冬1年生植物といい，ムギ類やダイコンなどがこれに属する。

2年生植物 生育期間が2年にわたるもので，キャベツやタマネギなどのように，春に発芽してその年は栄養器官がつくられて越冬し，翌年開花・結実するもの。

多年生植物 開花・結実して地上部の大部分が枯死した後も植物体の一部が生存し，また翌年成長し開花・結実するチューリップやユリなどの多年生宿根草や，開花・結実しても全く枯死することなく，成長・開花・結実を繰り返す木本植物がこれに属する。

以上の概略を図2－1 (a)（ホウレンソウ・1年生植物）及び (b)（モモ・多年生植物）に示す。

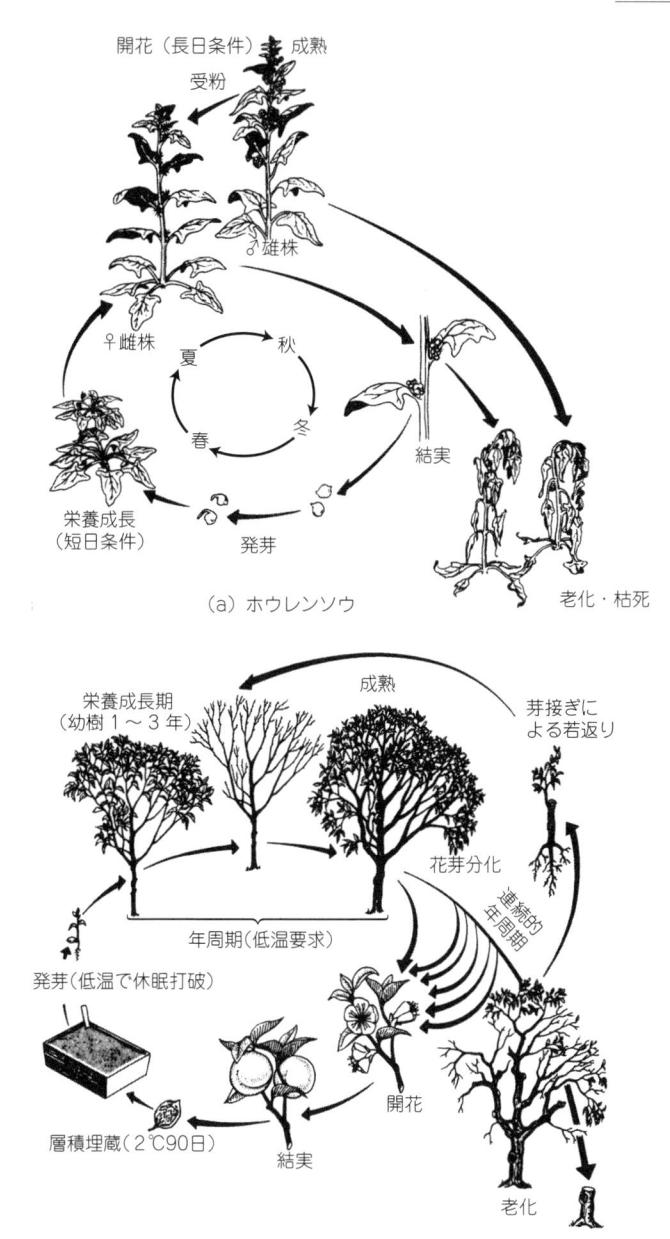

(a) ホウレンソウ

(b) モ モ

図2-1　1年生植物と多年生木本植物の一生 (Janickほかを改変)

　ホウレンソウは発芽後，短日条件では茎や葉をつくる栄養成長を行うが，長日下におかれると茎の成長点に花芽を分化して生殖成長に入り，開花・結実して枯死し一生を終わる。しかし，生命は種子に受けつがれている。

　モモでは，まいた種子は低温によって休眠が打破されて発芽し，成長して2～3年で結果年齢に達し，高温や低温の影響を受けて花芽を分化し，開花・結実する。そして枯死することなく植物体は成長を続け，温度の影響を受けながら毎年開花・結実を繰り返し，40～50年で老化し枯死する。

(1) 植物の発芽

a. 種子の発芽

　発芽の過程はまず，水を吸収することから始まる。これに伴って胚乳や子葉に含まれる貯蔵養分の分解が始まり，呼吸が盛んになり，分解された貯蔵養分や呼吸作用によるエネルギーを使って胚にある幼芽や幼根の成長が進み，やがてこれらが種皮や果皮を破って外に現れてくる。これが発芽である。また，土にまかれた種子が発芽して幼芽が地上に現れることを出芽と呼んでいる。

(a) 発芽の必須条件

　多くの植物の種子は，水，温度，酸素が適当であれば発芽する。これを発芽のための必須条件という。光によって影響を受けるものもある。

　水　発芽が始まると，貯蔵養分の分解や新器官の形成のための合成作用が進行するが，これには水が必要である。また，種皮や果皮を通して行われるガス交換や，幼芽や幼根の成長を助けるのも水である。種子が発芽するまでに吸収する水の量は，表2－1に示すように植物の種類によって異なり，マメ科のものは多い。

表2－1　種子の吸水量（Stiles）

作物の種類	吸水量*（％）
コムギ	60.0
オオムギ	46.0
トウモロコシ	39.8
ソバ	46.9
ヒマワリ	56.5
エンドウ	186.0

＊吸水量は，種子の風乾量に対する割合。

　温度　貯蔵養分の分解，新器官の形成，呼吸作用などはいずれも化学反応を伴う。この化学反応は温度によって規制を受けるので，発芽と温度は深いかかわりを持っている。表2－2に示すように，発芽に対する最適温度（発芽が最もよく行われる温度），最高温度（それ以上では発芽しない温度），最低温度（それ以下で

表2－2　種子の発芽と温度〔℃〕

作物の種類	最低温度	最適温度	最高温度	作物の種類	最低温度	最適温度	最高温度
イネ	10	34	42～44	ニンジン	10以下	15～25	30
ハダカオムギ	0～2	24	38～40	ハクサイ	10以下	15～35	40
コムギ	0～2	26	40～42	ホウレンソウ	10以下	15～20	35
ソバ 蒙古種	0～2	30	40～42	ホウセンカ	－	20	－
ソバ 日本種	2～4	34	42～44	ハナビシソウ	－	20	－
トウモロコシ	6～8	34～38	44～46	コスモス	－	20	－
ダイズ	2～4	34～36	42～44	マリーゴールド	－	20	－
ヒマワリ	4.8～10.5	31～37	37～44	パンジー	－	17.5	－
エンドウ	0～4.8	25～31	31～37	ペチュニア	－	20～30	－
キュウリ	15.6～18.5	31～37	44～50	ペチュニア	－	22.5	－
トマト	15	25～30	35	キンギョソウ	－	17.5	－
インゲン	15	20～30	35	スイートピー	－	22.5	－
ダイコン	10以下	15～35	35	スイートピー	－	20～40	－

は発芽しない温度）がある。最適温度に保つよりも**変温**[*1]によって発芽が促進される場合もある。

　酸素　発芽の進行に伴って呼吸作用が活発になるので，酸素は水や温度と同じように発芽にとって重要である。水はけが悪かったり，土が固まっていたりすると，土中の酸素が少ないので，発芽はうまく行われない。ナス・コスモス・エゾギクなどは酸素要求度が大きく，イネ・カナダブルーグラス・ペチュニアなどは小さい。

　光　ペチュニア・キンギョソウ・コリウスなどは発芽に光を必要とする（好光性種子という）ので，種子をまいた場合，覆土は薄くしなければならない。反対に，ジニア・ハゲイトウ・ハナビシソウなどは光があると発芽が害される（好暗性種子という）ので，覆土は厚いほうが望ましい。

　雑草は好光性種子が多いため，耕せば耕すほど埋没していた種子が地表に出てくることになり，雑草は生えてくるということになる。

　（b）　種子の休眠

　種子に**寿命**[*2]がありながら，発芽の必須条件が与えられても発芽しないことを休眠という。これは，種子自身に発芽を妨げる原因があるためである。

　休眠の原因はいろいろあるが，まず，種皮に原因がある場合で，マメ科植物のクローバーなどでは，種皮に脂肪物質が含まれているため吸水ができず発芽しない。このような種子を硬実という。アオゲイトウのように種皮がかたいため，発芽に伴う胚の成長が妨げられたり，オナモミでは種皮が酸素を通さないため，発芽が起こらない。これらは種皮を傷つけたり，硫酸などで種皮を取り除くと水や酸素が吸収しやすくなり，発芽するようになる。

　次に，イチョウ・クロガネモチ・アメリカヒイラギ・シャクヤクなどでは，外見的には完成した種子に見えても，胚の発達が不十分で未熟なため，発芽が起こらない。これは一定期間経過すると胚が発達し発芽するようになる。この期間に種子内に起こる変化を後熟という。一方，モモやリンゴのように胚は完全に発達しているのに，胚自身が休眠しているため発芽しない場合もある。これは種子を0〜10℃の低温に一定期間おくと発芽するようになる（図2−1参照）。また，**稃**[*3]（イネ・ムギ類），種皮（ウリ），果皮（サトウ

[*1] 変温：温度を一定に保つのではなく，変化させること。一定の温度の場合よりも，一般に20℃−16時間，30℃−8時間のような変温によって発芽が促される。

[*2] 寿命：種子が発芽力を持っている期間。ヤナギは短命で母体を離れ1週間くらいしか発芽力がなく，ニレ・カエデも短命である。マメ科・シャクナゲ科は長命で50年，ハスでは200〜400年の寿命を保つといわれている。

[*3] 稃：イネやムギ類の子実を包んでいる部分。イネでは籾殻ともいう。

ダイコン・ホウレンソウ），果汁（トマト・キュウリ），胚乳（アヤメ）に**発芽抑制物質**があり，これにより発芽が妨げられている場合があり，これらの休眠打破には高温を与えたり，水に浸漬して発芽抑制物質を除去する方法がとられている。

b．木本類の冬芽の発芽（萌芽）と休眠

木本類の冬芽（図2-2）は夏から秋にかけて形成され，その後休眠に入り，そのままの状態で越冬し，翌春発芽（萌芽）する。落葉果樹の冬芽は落葉期ごろ休眠は深くなるが，いったん休眠に入った冬芽は，その後0～5℃のような低温に一定期間遭うことによって休眠は打破され，春の気温の上昇とともに発芽するようになる。もし，休眠しないで秋に発芽すれば，冬の寒さで障害を受けてしまう。休眠打破に必要な低温要求度は，クルミ，ブドウなど寒地に適した果樹では大きく，カキ・モモなど比較的暖地に適したものでは小さい。このような冬芽の休眠や発芽には，温度のほかに，日長やアブシジン酸，ジベレリン，エチレンなどの植物ホルモンも関係しているものと考えられている（63ページ「c．成長と植物ホルモン」の項参照）。

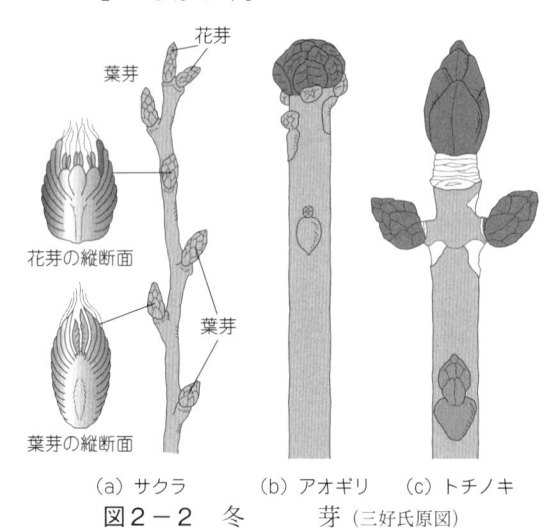

図2-2　冬　芽（三好氏原図）
(a) サクラ　　(b) アオギリ　　(c) トチノキ

（2）植物の成長

発芽した植物は，環境の影響を受けながら生理作用を営み，新しい細胞・組織・器官を形成し，植物の体は大きくなっていく。このように成長とは時間の経過に伴って植物の大きさが増大することであるが，これには，①細胞分裂による細胞の増加，②増加した細胞の成長，③細胞のいろいろな組織への分化という3つの過程から成り立っている。一般に茎や根での細胞分裂は頂端分裂組織（図1-17）で，イネやムギ類などの茎（稈）の節間では節間分裂組織（図2-3）で，木本類などでは側部分裂組織である形成層（図2-4）で行われ，それに続く部位で細胞の成長や分化が行われる。

植物の成長は，頂端分裂組織や節間分裂組織で行われる**伸長成長**（長さの成長）と形成層で行われる**肥大成長**（大きさの成長）に分けられる。

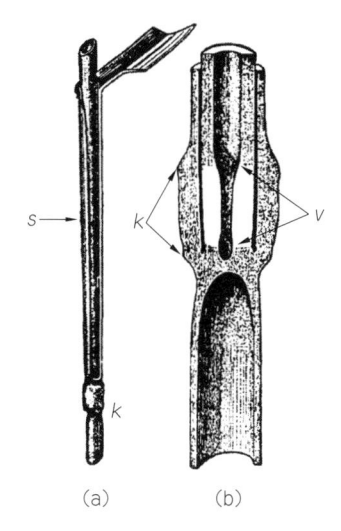

(a)：葉鞘の一部（s）を節（k）のところまで取り去ってある
(b)：節の付近を縦断，k は節，v は稈の基部における成長帯

図2－3　ライムギの稈と節 (Pfeffer)

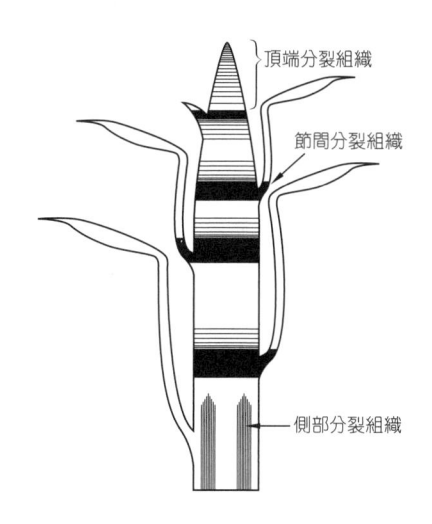

線の入っている部分は分裂機能を持った若い組織，線の入らない白い部分は分裂機能を持たない成熟した組織

図2－4　茎の縦断面の模式図－分裂組織の所在を示す (Hahlstede & Haber)

a．成長のようす

発芽した種子は成長し若い植物となる。これを**芽生え**という。芽生えには図2－5に示すように2つの型があり，インゲンマメ・タチバナモドキ・ケヤキ・モミジなどのように子葉が地上に現れる地上子葉型のものと，エンドウ・フジ・クヌギ・アカガシのように子

(a) 地上子葉型の発芽（インゲンマメ）

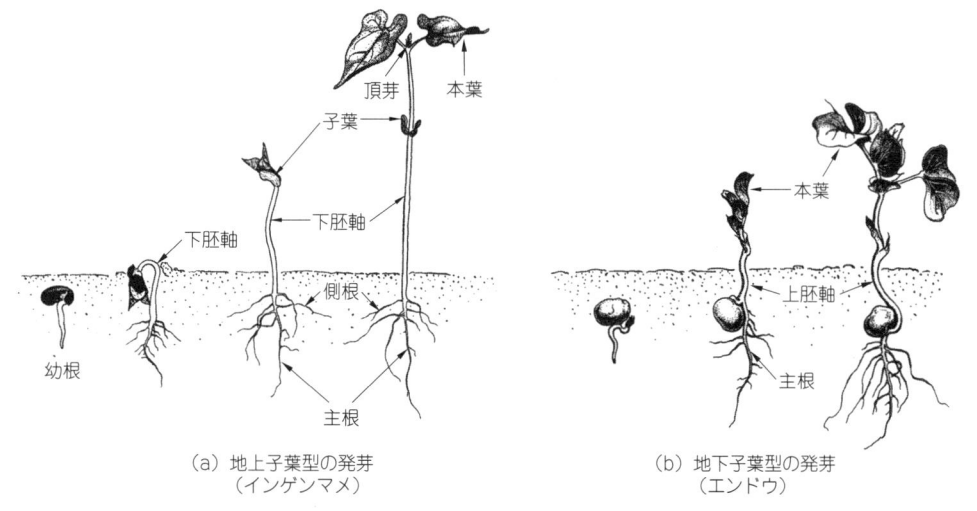

(b) 地下子葉型の発芽（エンドウ）

図2－5　種子の発芽と芽生えの成長 (Walter H. Muller)

葉が地下に残り，幼芽が地上に出る地下子葉型のものとがある。このような芽生えはさらに成長を続け，植物の体は大きくなっていく。

成長を一定間隔で測定し，グラフにすると図2－6に示すように，①成長初期の成長の緩やかな時期，②成長中期の成長の大きい時期，③成長末期の成長の緩やかな時期に分けられ，S字曲線となる。成長量は草丈や茎の長さ，木本類では茎の大きさによって表すことができるが，植物の新鮮重や乾燥重によって示すこともある。

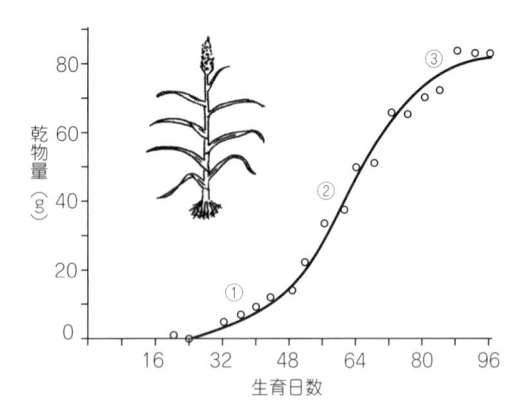

図2－6　ソルガムの成長曲線
(Wilson & Loomis)

b．成長と環境とのかかわり

植物が生活していくうえで水は最も大切なものである。成長との関係では，細胞が分裂し成長するには細胞が張りつめた状態でなければならないが，これに水が働く。次に，成長には新しい細胞をつくりあげる材料と，それを組み立てるためのエネルギーが必要である。細胞の構成材料は光合成によってつくられ，エネルギーは呼吸作用によって得られる。光は光合成を通して成長に関係するばかりではなく，光そのものが直接植物の成長に影響する。図2－7は日なたと日陰に育ったエンドウの成長のようすを示したものである。(a)のように日なたに育ったものは草丈は短く，いわゆる正常な成長をしているが，(b)のように日陰に育ったものはモヤシのように異常な成長を示している。これらのことから，光による植物の成長に対する作用は少なくとも草丈の伸びるのを抑える

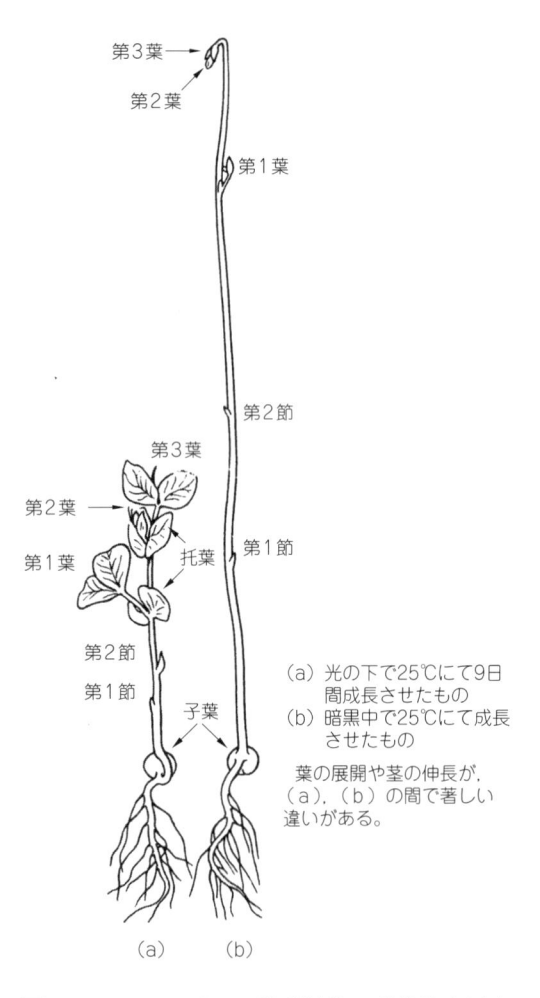

(a) 光の下で25℃にて9日間成長させたもの
(b) 暗黒中で25℃にて成長させたもの

葉の展開や茎の伸長が，(a)，(b)の間で著しい違いがある。

図2－7　エンドウの発芽植物の形態的光反応
(Ray)

働きのあることがわかるが、これは植物が正常に育つために必要なことなのである。この抑制効果は**可視光線**＊では紫光が最も強く、紫外光はさらに強いといわれている。例えば紫外光が多く降り注ぐ高山や海岸近くでは植物の丈が低いが、これも紫外光が植物の成長を抑制させている1つの要因である。現在、オゾン層の破壊による紫外光の生物に対する有害性が問題になっているが、紫外光が現在よりもさらに強くなれば、植物の成長にも影響の現れることが心配される。

温度も光合成や呼吸作用などへの影響を通じて植物の成長に深いかかわりを持っており、温度が10℃上昇すると成長はおよそ2倍になる。成長にも適温があり、それより高くても低くても成長は小さくなる。図2−8に示すように大多数の植物は15〜32℃の範囲内で最もよく育つ。

また、無機養分も成長と深いかかわりを持っているが、このことについては「1．4 植物と無機養分」の項（80ページ）で述べる。

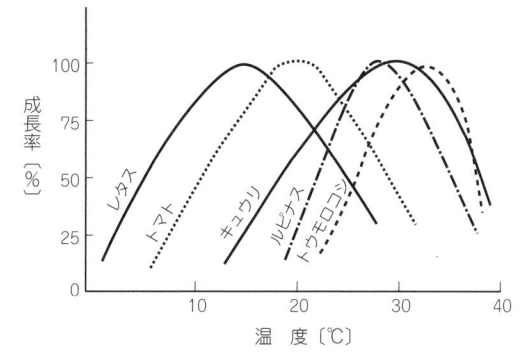

図2−8 作物の成長における温度の影響
（オンタリオ州農業・食品局印刷物から改変）

c．成長と植物ホルモン

成長は、水・光・温度・養分などによって影響を受けるが、これらのほか、植物体内でつくられるごく微量の成長を調節する化学物質が、成長に対して重要な役割を演じている。この化学物質を植物ホルモンといい、成長を促すホルモンとして**オーキシン・ジベレリン・サイトカイニン**が、反対に成長を阻害するホルモンとして**アブシジン酸**が、また、多くの成長現象に関与している気体状の**エチレン**の存在が知られている。これら5つを植物ホルモンとしてきたが、近年ブラシノステロイド、ジャスモン酸なども植物ホルモンに加えることがある。さらに、まだ発見されていないがフロリゲン（花成ホルモン）も植物ホルモンとして存在すると考えられている（68ページ 「a．花芽の分化と発達」の項参照）。これらは植物の成長過程で、あるときは単独で、あるときは相互に作用しあって植物の成長を調節している。

＊ **可視光線**：光は波の性質を持っており、波長が約400から約700nmでの光。これは人の目に見える波長で、波長の短い方から紫・青紫・青・緑・黄・だいだい・赤として感じることができる。可視光線より短い波長の光線を紫外光、長いものを赤外光という。nmはナノメートルと読み、1nmは0.000000001mである。

（a） オーキシン

　オーキシンは最初に発見された植物ホルモンである。これは茎や根の先端部や若い葉で生成され，必要な部位に移動し，その部位の細胞の大きさを増大させる働きを持っている。オーキシンの発見は，植物の屈光性の研究が発端である。植物の芽生えは図2－9に示すように，光の方向に伸びる。これを屈光性という。この光に感応して芽生えの伸びる方向を決める物質がオーキシンである。これは図2－10のように，光の当たっている反対側にオーキシンが集まり，その部分の細胞の成長が促されるためである。

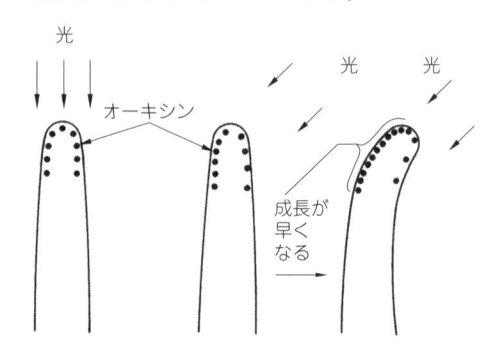

図2－9　植物の屈光性　　　　図2－10　植物の屈光性とオーキシン

　また，植物を横にすると，茎は上方（正の背地性）に，根は下方（負の背地性）に曲がる（図2－11）。これは重力によって下側のオーキシン濃度が高まることによって，茎ではその部分の細胞の成長が促され起き上がるのである。しかし根では，オーキシン濃度の高まりはかえって細胞の成長を抑制するため，その部分の成長が妨げられ，下方に伸びるのである。成長に必要なオーキシンは微量でよく，濃度が適量以上に高くなるとかえって成長を抑制する働きがあり，茎や根のような器官の違いによって適量を異にしているため，このような現象が現れるのである（図2－12）。屈光性や背地性はその後の研究で，エチレンやアブシジン酸が関係するともいわれている。オーキシンはこのほか，茎の切り枝における不定根の発生（挿し木などの発根促進に応用），形成層の活性促進（接ぎ木の癒着

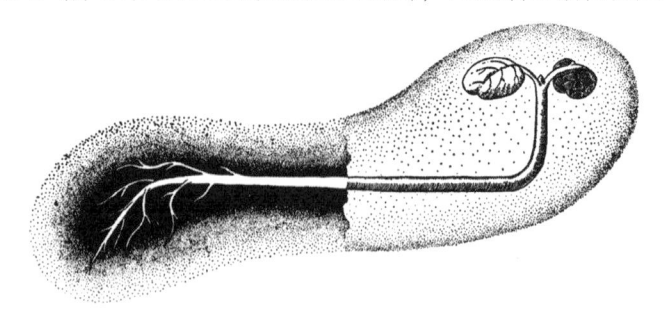

図2－11　植物の背地性（Bonner & Galston）

促進に応用），**頂芽優勢**＊1，落花（果）や落葉の抑制（果樹の落花（果）防止に応用），果実の成長促進（果実の**単為結果**＊2や成長促進に応用）などの働きがある。

植物に含まれるオーキシンは化学的にはインドール酢酸（IAA）であり，現在，合成されたオーキシン類が農業上利用されている。

（b）ジベレリン

ジベレリンは日本人によってイネの馬鹿苗病の人工培地から発見されたもので，病菌の名前にちなんでジベレリンと名付けられた。馬鹿苗病は菌の生産するジベレリンによってイネが著しく伸びる病気である。その後，正常な植物にもこれが存在し，オーキシンと同じように，植物の成長を調節する重要な植物ホルモンであることが明らかになった。

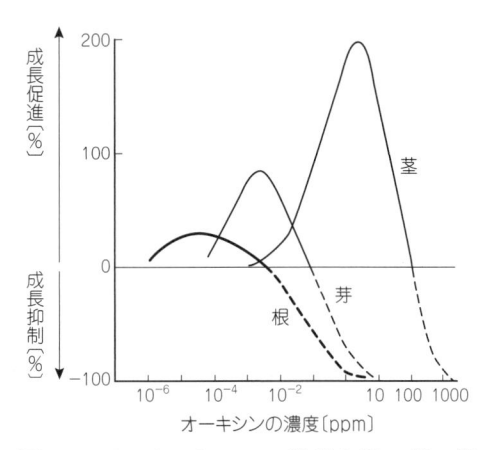

図2－12 オーキシンの濃度と根・茎・芽の成長反応（Thimann）

ジベレリンは細胞の伸長成長を促す作用を持っており，図2－13に示すように，草丈の低い性質を持っているインゲンマメやトウモロコシに与えると，草丈は大きくなる。

図2－13 ジベレリン処理による成長促進－特に叢生及び矮性植物に対する効果 （Janick）

＊1　**頂芽優勢**：茎に頂芽と側芽が共存するとき，頂芽はよく成長するが側芽の成長が抑制される現象。頂芽を除くと側芽は成長を始める。
＊2　**単為結果**：受精しないで子房だけが発達し，種子のない果実を生じること。

また，ジベレリンは光や温度の代用効果も持っている。好光性種子のレタスはジベレリンを与えると，光がなくても発芽するようになる。ダイコンは春から夏にかけて昼間の長い時期に花を開く性質（長日植物，69ページ参照）を持っているが，ジベレリンを与えると，これ以外の時期でも開花する。ニンジンでは生育中のある時期に低温に合わないと花が開かない（バーナリゼーション，70ページ参照）が，ジベレリンを与えると，低温に遭わなくても開花する（図2-14）。このほか，種子の発芽にもジベレリンが深いかかわりを持っており，種子の休眠打破，発芽の促進，春ウドでの**促成軟化栽培**＊やジャガイモでの萌芽促進，麦芽やモヤシの製造などにも用いられている。また，種子なしブドウをつくるのにも用いられていることはよく知られているところである。

図2-14 ニンジンを低温処理する代わりにジベレリン酸で処理して開花を誘起させたもの (Lang)

(a) 長日だけを与えた対照区
(b) 長日＋ジベレリン酸（低温処理なし）
(c) 低温処理＋長日（ジベレリン酸無施与）

（c） サイトカイニン

オーキシンやジベレリンは細胞の伸長成長を促す植物ホルモンであるが，**サイトカイニン**は細胞の分裂を促すホルモンとして，最初ニシンの白子から見出され，カイネチンと名付けられた。その後，ココナッツミルクやトウモロコシなど多くの植物にカイネチンと同じような働きをする物質のあることが確かめられ，これらカイネチン様物質を総称してサイトカイニンと呼ぶようになった。

サイトカイニンは植物の根端で合成され，維管束を通って移動し，植物体各部の成長調節に関与する。その主な働きは，細胞分裂の促進，葉の成長の促進，葉の老化防止作用，側芽の伸長促進，好光性種子の暗所での発芽，休眠芽の発芽促進などである。また，気孔の開度の増加を通じて蒸散作用を促す働きがある。

＊ **促成軟化栽培**：促成栽培（野菜などを暖かい温室などで栽培し，普通の露地物より早く収穫する栽培法）の一種で，作物の根株を光の当たらない室や土などをかけて軟化させる栽培法。

（d）エチレン

その昔，ガス灯がともっていたころ，ガス灯近くの街路樹が早く落葉することが観察された。その原因はガス灯から漏れる**エチレン**というガスであることがわかった。その後，エチレンは発芽・伸長・開花・老化・落葉など植物の生活すべての段階で深いかかわりを持った植物ホルモンであることがわかった。エチレンは，種子（オオムギ・レタス）・球根（スイセン・グラジオラス）・塊茎（ジャガイモ）の休眠打破や発芽促進，側芽の発芽阻害，エンドウ芽生えの背地性の消失，タバコ・ベゴニアの不定根の発根促進，パイナップル・マンゴーの開花促進，ワタ・インゲンマメの落葉，ワタ・ウンシュウミカンの落果などに関与する。また，エチレンが果実の成熟を促すことは古くから認められている。

（e）アブシジン酸

アブシジン酸は，オーキシンやジベレリンなどの植物の成長を促すホルモンの働きを打ち消すような作用を示し，成長抑制ホルモンとして植物に広く存在することが認められている。

アブシジン酸は，最初，植物の葉・花・果実などの器官脱離を促す物質として発見されたが，その後，いろいろな働きをすることが明らかにされている。オーキシンのところで述べたように，横にした植物の根が下方に伸びるのは，オーキシンが高濃度になることが原因とされていたが，トウモロコシを用いた研究でアブシジン酸によって制御されているものと考えられるようになった。また，さきに述べた木本類の冬芽の休眠を起こす物質としてアブシジン酸の関与が明らかになっている。ブドウ・ブナ・カバノキなどはアブシジン酸が休眠を起こす物質として確認されているが，他の多くの木本類ではアブシジン酸だけでなく，成長促進物質としてのジベレリンやサイトカイニンの含有量の低下によって「抑制物質／促進物質」のバランスが片寄るために休眠が誘起されるものと考えられている。またこの逆の場合に休眠が打破され発芽が起こるようになるのである。

（f）ブラシノステロイド

ブラシノステロイドはアブラナの花粉から成長を促す物質として見い出された。前述の5つのホルモンは，100万分の1の濃度で成長，発育反応に効果を及ぼすが，最近見い出されたブラシノステロイドは科学の進歩により10億分の1というわずかな濃度で細胞の伸長や細胞分裂を促進することが分かってきた。そのほか，根の成長促進，導管や仮導管の分化促進，発芽促進，花粉管伸長促進など多くの働きがわかってきているが，まだ未知の領域である。

（g）ジャスモン酸

ジャスモン酸は，ジャスミン油の香料成分から成長阻害物質として見い出された。アブシジン酸と似た効果を持っており，ジャガイモの塊茎形成，離層形成の促進，葉の黄化，つるの巻き付きなどの効果がある。

以上述べた植物ホルモンは，個々のホルモンが単独で働くばかりでなく，相互に作用し合って効果を現わしていることがわかっている。それについて若干の例をあげる。

① オーキシンによる頂芽優勢は，頂芽で生成されるオーキシンによって側芽の成長が抑制されるものとされていたが，これはオーキシンがアブシジン酸の合成を促し，このアブシジン酸によって側芽の成長が阻害される。

② オーキシンはパイナップルの開花を促すが，これはオーキシンによってエチレンの生成が増大し，このエチレンによって開花が促される。したがって，エチレンを与えても同じような効果が得られる。

③ 果実の成長はオーキシンによって促される。これはまず，花粉に含まれるジベレリンが子房によるオーキシンの合成を促し，このオーキシンによって果実の成長が行われる。

④ 落葉は葉柄基部に離層が形成され，この部分の細胞と細胞が離れて起こる。これは老化などによって葉でのオーキシンの生成が減少すると，離層細胞の形成と老化が進み，老化の進んだ細胞はエチレンの生成が増大し，離層細胞の剥離(はくり)が起こって落葉する（図1－28参照）。

⑤ 木本類の冬芽の発芽や休眠は，アブシジン酸のところで述べたように，アブシジン酸とジベレリン・サイトカイニンとのバランスによって起こる。

（3）植物の開花と結実

植物は毎年同じ時期に花を開く。これは，日長や気温が季節の移り変わりによって変化することと深いかかわりを持っているのである。

a．花芽の分化と発達

植物の体がある程度大きくなると，茎の先端部（イネやムギ類）や葉腋（ウリ類）に花の原基が形成される。これを花芽の分化という。この分化した花芽が発達して花となり開花する。開花現象は，花芽の分化と，分化した花芽の発達という2つの過程に分けて考えなければならない。

（a）花芽の分化と環境とのかかわり

植物の花芽分化は日長によって影響を受ける。これを**日長効果**（光周性）という。アサ

ガオやキクなどは、日長が比較的短くなると花芽を分化するもので、**短日植物**という。一方、ホウレンソウやマツヨイグサなどは日長が比較的長くなると花芽を分化するもので、**長日植物**という。また、トマトやキュウリなどのように、日長に関係なく花芽を分化するものもあり、これを**中性植物**と呼んでいる。短日植物や長日植物は、花芽の分化に対する昼間の長さ（明期）を基準にして分けているが、実際は連続した夜間の長さ（暗期）が花芽の分化に影響しているのである。したがって、短日植物は**長夜植物**、長日植物は**短夜植物**ということができる。そして、短日植物は暗期が一定時間を超えるときに花芽を分化し、長日植物では暗期が一定時間以下のときに花芽を分化する。この花芽の分化が起こるか起こらないかの境目の暗期を限界暗期と呼んでいる。その例を図2−15に示す。

　植物が適当な日長条件におかれると、どうして花芽が分化するかについてはよくわかっていない。この日長を感じるのは葉で、花芽の分化に適当な日長条件に置かれると、一種のホルモン（フロリゲン）が葉でつくられ、これが花芽の分化を促すのに働くものと考えられているが、植物からはまだ発見されていない。もしこれが発見され、化学的に合成が可能になれば、これを植物に与えることによっていつでも自由に花を咲かせることができるようになるかもしれない。

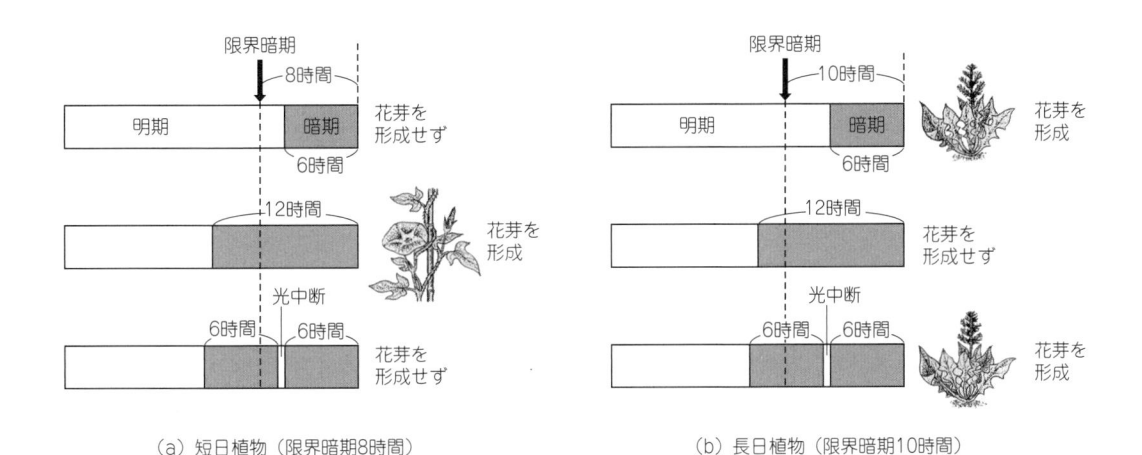

(a) 短日植物（限界暗期8時間）　　　(b) 長日植物（限界暗期10時間）

光を受けている時間を明期、光を受けていない時間を暗期という。

　短日植物であるアサガオの限界暗期は8時間で、これよりも短い6時間では花芽は分化しない。暗期が12時間では限界暗期以上の暗期が継続するので花芽は分化する。また、暗期が12時間あっても、途中の6時間で光を当てる（光中断）と、8時間の継続暗期が得られないので、花芽は分化しない。
　長日植物のホウレンソウの限界暗期は10時間で、これより短い6時間では花芽は分化するが、暗期が12時間では限界暗期の10時間より長くなるので、花芽は分化しない。また、暗期12時間の途中の6時間で光中断すると、限界暗期より短い暗期となるので、花芽は分化する。

図2−15　短日植物と長日植物の花芽の形成

温度も花芽の分化に影響する。ムギ類は越冬1年生植物で秋に発芽した幼植物が冬の低温に遭わないと花芽を分化しない。また，ニンジンやタマネギなどもある程度の大きさに達した植物体が冬の低温に遭うことによって，花芽を分化する。もし，いずれの植物も温室に入れて寒さに遭わせないで越冬させると花芽を分化しない。このように低温によって花芽の分化が促されることを**春化**（バーナリゼーション）という。一方，イネやダイズなどの夏作物は夏の高温によって花芽の分化が促される。また，春から夏にかけて開花する木本植物は前年の夏の高温によって花芽の分化が進められる。

以上のように，花芽の分化は日長や気温のような外的条件によって影響を受けるが，植物体がある齢に達していなければ外的条件が適当であっても花芽の分化は起こらない。

（b） 花芽の発達と環境とのかかわり

日長や気温は花芽の分化だけでなく，分化した花芽の発達にも影響を与える。表2－3に花芽の分化と発達に対する日長及び温度との関係を示した。これからわかるように，花芽の発達に好適な日長や温度と花芽の分化に対するそれとは必ずしも一致しない。日長については，例えばイチゴでは，花芽の分化には短日条件が，花芽の発達には長日条件がそれぞれ好適な条件となる。温度については，花芽の分化への影響は植物の種類によって異なるが，花芽の発達はいずれの植物も比較的高温によって促進される。

表2－3 花芽の順調な分化・発達に必要な条件

作物の種類	花芽の分化に必要な条件	花芽の発達に必要な条件
イ ネ	短 日・高 温	中 性・高 温
コ ム ギ	中 性・低 温	長 日・高 温
オオムギ	短 日・低 温	長 日・高 温
ダ イ ズ	短 日・高 温	短 日・高 温
エンドウ	長 日・低 温	長 日・高 温
ナ タ ネ	中 性・低 温	中 性・高 温
テンサイ	―― ・低 温	長 日・高 温
イ チ ゴ	短 日・低 温	長 日・高 温

（戸苅 義次氏）

以上，植物の花芽の分化及び発達と環境とのかかわりについて述べたが，日長や温度条件を人為的にコントロールして，花芽の分化や発達に好適な条件を与えてやれば，自然とは違った時期に開花させることができる。例えば，秋ギクは短日植物であるので，覆いをして**短日処理**[*1]をすれば早く花を咲かせることができるし，電灯照明によって**長日処理**[*2]

＊1 短日処理：被覆材料で日光を遮断し，人為的に日長を短くすること。短日植物では開花が促されるが，長日植物では開花が遅れる。
＊2 長日処理：電灯照明によって人為的に日長を長くすること。長日植物では開花が促されるが短日植物では開花が遅れる。

をすれば開花を遅らせることもできる。チューリップではある時期に低温処理をして花芽の分化，発達を促し，普通よりも早く花を咲かせることができる。

b．開花と結実

分化した花芽が発達し，花が完成すると開花する。一般に開花すると雄しべの葯の中に包まれていた花粉が雌しべの柱頭につき，受粉が行われる。図2－16に示すように，花粉は発芽して花粉管を出し，花柱の組織を通って胚のうに達すると雄核を出し，卵細胞の卵核と合体して受精が行われる。受精卵は分裂を繰り返し胚を形成する。他の雄核は2つの極核と合体し，活発な分裂を繰り返し胚乳となる。このようにして種子が完成する。

1．2　植物の生活を支える働き

（1）光 合 成

図2－16　花粉の発芽と受精しつつある胚のう

緑色の植物は，太陽の光エネルギーを用い，葉の気孔から取り込まれた二酸化炭素と根から吸収した水で，葉緑素の働きによって炭水化物を合成し，酸素を放出する。この作用を光合成といい，次のように示される。

$$\underset{(CO_2)}{\text{二酸化炭素}} + \underset{(2H_2O)}{\text{水}} + \text{光エネルギー} \xrightarrow{\text{葉緑素}} \underset{(CH_2O)}{\text{炭水化物}} + \underset{(O_2)}{\text{酸素}} + \underset{(H_2O)}{\text{水}}$$

これからわかるように，光合成は環境要素として光・二酸化炭素・水が関係するが，温度や無機養分によっても影響を受ける。また葉緑素は光を吸収する重要な働きを持っている。

光合成は図2－17に示すように，暗黒下（A）では行われず，呼吸作用による二酸化炭素の放出が起こる。光の強さが増すに従って光合成は活発になり，呼吸作用によって生じた二酸化炭素は，そのまますぐに光合成に利用されるので，二酸化炭素の放出は少な

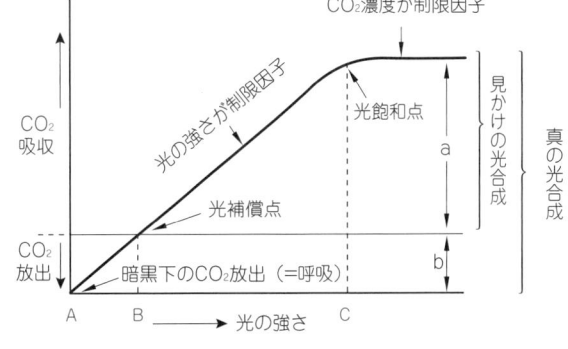

図2－17　光合成と光の強さとの関係

くなっていく。さらに光が強くなると，呼吸作用によって生じた二酸化炭素はすべて光合成に使われるようになり，二酸化炭素の体外への放出は0となる（B）。このときの光の強さを光補償点といい，呼吸作用と光合成がつり合った状態である。これよりもさらに光の強さを増すと光合成は増大し，二酸化炭素の吸収のみが見られるようになる。そして光がある強さに達すると，もうそれ以上光が強くなっても光合成（二酸化炭素の吸収）は増大しない（C）。このときの光の強さを光飽和点という。ここまでは光の強さが増すのに伴って光合成も増大するので，光合成は光の強さによって規制（制限）されていることがわかる。光飽和点以降，光合成が増大しないのは空気中の二酸化炭素濃度が0.03％と低いためで，ここでは二酸化炭素が光合成を制限しているのである。

　光飽和点は植物の種類によって異なり，日光の強さの$\frac{1}{10}$くらいの比較的弱い光で光飽和点に達するものを**陰性植物**といい，日陰や森林の中で生育する植物がこれに当たる。一方，比較的強い光の下で光合成が盛んな植物を**陽性植物**といい，日光の強さの$\frac{1}{3}$以下になると光合成が低下して生育できなくなる。多くの植物は陽性植物に属する（図2-18）。

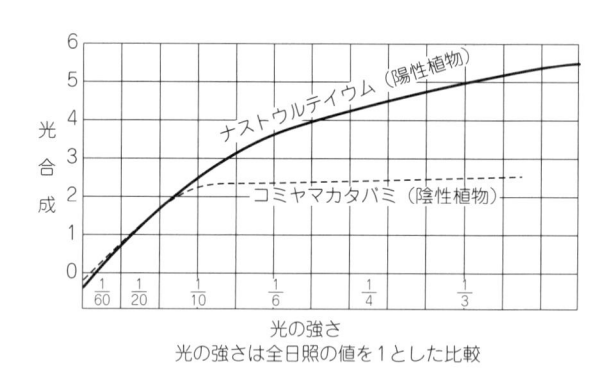

図2-18　陽生植物と陰生植物の光合成曲線 (Lundegadh)

　光合成と二酸化炭素の関係を示したのが図2-19である。二酸化炭素が全くないときは二酸化炭素は体外に放出されるが，二酸化炭素を徐々に増していき，植物体内と空気中の二酸化炭素の濃度が等しくなったとき，二酸化炭素の放出はなくなる。これをCO_2（二酸化炭素）補償点

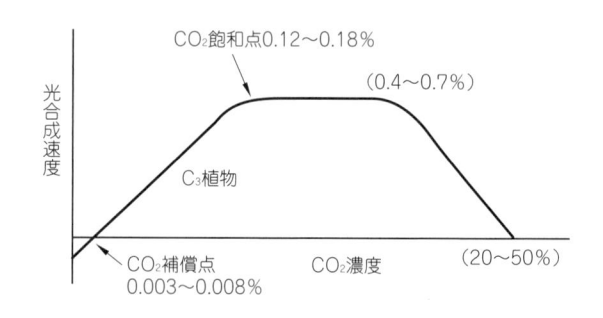

図2-19　CO_2濃度と光合成速度との関係
（玖村氏原図，一部改変）

という。さらに二酸化炭素濃度を高めると，二酸化炭素の吸収（光合成）は盛んになり，0.12～0.18％で最高に達する。このときの二酸化炭素濃度をCO_2飽和点という。農業では人為的に空気中の二酸化炭素濃度を高くして光合成を促し，作物の生育や収量を増大させる方法がとられている。

水も光合成にはなくてはならないものであるが，これに必要な水の量はごくわずかで，根から吸収された水の量の1％以下であるといわれており，光合成に用いられる水が不足することはほとんどない。しかし，土壌水分が減少し葉の含水量が低くなると気孔が閉じて二酸化炭素の体内への取り込みが減少することや，光合成に関与する**酵素***の働きが弱くなることによって，光合成は低下する。

温度も光合成に影響する要素の1つである。これは，光合成が化学反応によって進められていることによる。図2－20に示すように，一般に低緯度原産の植物は比較的高温で，高緯度原産の植物は比較的低温で光合成は盛んである。

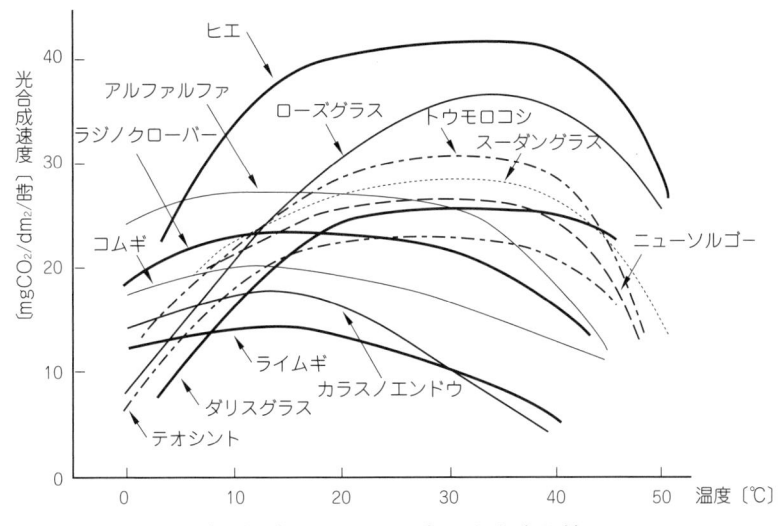

図2－20 各種植物における温度－光合成曲線 (Murata et al.)

光合成において，葉緑素が多いと光合成も盛んに行われる。葉緑素の含有量は，窒素・マグネシウム・鉄などの無機養分によって影響を受ける。葉緑素は可視光線のうち，青と赤色部の光を吸収し，光合成に役立てている。

光合成は以上のようにいろいろな要因によって影響を受けるが，光合成における炭水化物の合成される筋道について見ると，まず，葉緑素によって吸収された光が水を水素と酸素に分解するのが第一歩である。この酸素が光合成によって放出される酸素の元である。そして，生じた水素が二酸化炭素を炭水化物に変えるのに働く。この二酸化炭素から炭水化物が合成される過程は大変複雑で，その概略は図2－21に示すように，植物の種類の違いによって2つの異なった経路が存在する。C_3植物では二酸化炭素は炭素数5つの物

---

* **酵素**：物質代謝における化学反応に関与し，反応を助ける働きをする物質（触媒という）で，それ自体は全く変化しない。これはタンパク質であるが，鉄・銅・ビタミンB_1・B_2など非タンパク質が結びついているものもある。この非タンパク質の部分を**補酵素**という。

質と結合して,すぐに炭素数3つのリングリセリン酸になる。C₄植物では炭素数3つの物質と結合して炭素数4つのオキザロ酢酸になる。これらからそれぞれ炭水化物の合成が行われる。合成された炭水化物は糖の形で篩管を通って植物の体の各部位に送られてゆき,一部は呼吸作用に使われ,他の一部は葉や茎や根などの植物体の構成材料として用いられる。そして,残りの炭水化物が貯蔵物質として蓄えられ,これをわれわれは生活のために利用している(イネ,ムギ類,ジャガイモ,サツマイモなど)。これら光合成は,葉肉細胞内の葉緑体で営まれる(8ページ「色素体」の項及び31ページ「(9)葉の内部構造」の項参照)。

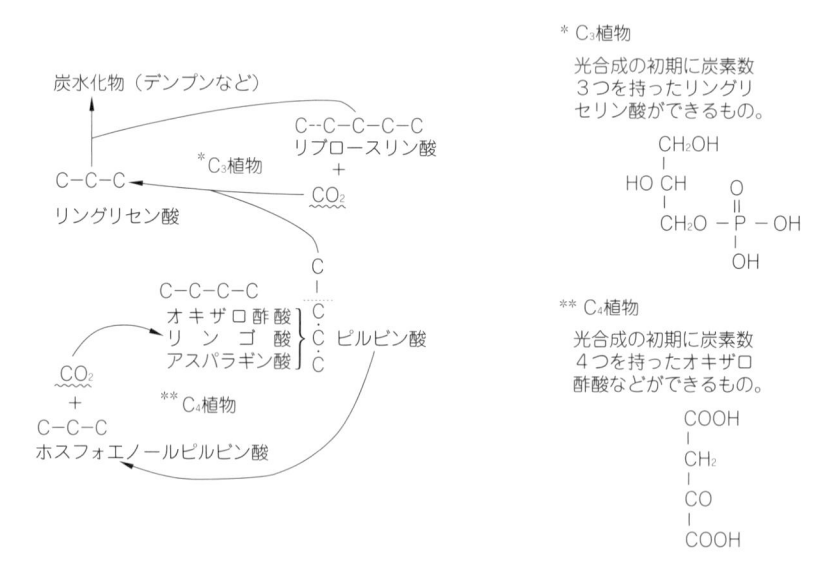

図2-21 光合成における炭酸ガスの固定経路

(2) 呼吸作用

呼吸作用とは,炭水化物を分解し生じたエネルギーを生きていくために利用する働きである。したがって,呼吸作用が円滑に行われないと生命の維持も困難になる。この炭水化物を分解する呼吸作用には,酸素を用いて行う**好気呼吸**と酸素を用いない**嫌気呼吸**とがある。

まず,**好気呼吸**について述べる。呼吸作用は次の式に示すように,炭水化物を酸化分解し,二酸化炭素と水とエネルギーを生ずる過程であり,光合成とは全く逆の反応である。

$$\text{炭水化物} + \text{酸素} + \text{水} \longrightarrow \text{二酸化炭素} + \text{水} + \text{エネルギー}$$
$$(CH_2O) \quad (O_2) \quad (H_2O) \quad\quad\quad (CO_2) \quad (2H_2O)$$

この反応は大変複雑で,次のような4つの過程から成り立っている。

①解糖過程→②クレブス（TCA）回路→③水素伝達系→④エネルギーの放出

呼吸作用において，呼吸材料としての炭水化物は，まず解糖過程を経てピルビン酸を生じる。このピルビン酸はクレブス回路を1回転する間に酸化されるが，ここでの酸化は脱水素反応である。ここで生じた水素は水素伝達系によって運ばれ，最後に終末酸化酵素の仲立ちにより酸素で酸化されて水を生ずる。これで炭水化物の酸化は終わるが，これまでの過程でエネルギーが生ずる。生じたエネルギーはすぐに利用されるのではなく，いったんATP*（アデノシン三リン酸）に蓄えられ，必要に応じてATPからエネルギーが放出され，植物が生きていくためのいろいろな働きのために利用される。これが好気呼吸のあらましである。

一方，嫌気呼吸もピルビン酸までの過程は好気呼吸と同じであるが，嫌気呼吸ではここからアルコールや乳酸の生成過程に入る。

以上の呼吸作用の経路の概略を示したのが図2-22である。

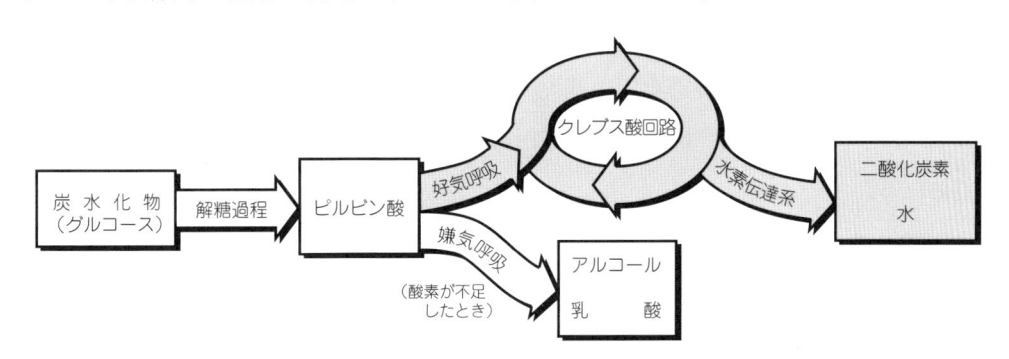

図2-22 呼吸作用の経路

呼吸作用は反応式からもわかるように，酸素と深いかかわりを持っている。大気と土壌空気の組成は表2-4のようで，大気中の酸素は21％でほとんど変化することはないが，土壌空気では植物の根や微生物が呼吸により酸素を

表2-4 大気及び土壌空気の組成〔％〕

組　成	大　気	土壌空気
窒　素	78.09	75〜90
酸　素	20.95	2〜21
アルゴン	0.93	0.93〜1.1
炭酸ガス	0.03	0.1〜10

消費しているので一定ではない。植物が生活していくうえで問題になるのは土壌中の酸素で，これが10％以下になると呼吸作用は急激に低下する（図2-23）。イネやハスなどの沼沢植物（水生植物）は葉から茎・根へと連結して通気組織が発達しているため，葉か

* ATP：呼吸作用や光合成の過程でエネルギーの授受にかかわる物質で，核酸構成物質の1つであるアデニンに糖の一種であるリボースが結合したものをアデノシンといい，これにリン酸が結合した数によってAMP，ADP，ATPという。Pはリン酸（phosphate）の略号で，ATPとはアデノシンにリン酸が3つ結合していることを意味する。

ら根に酸素を供給でき，土中の酸素が減少しても生活できるしくみを持っている。しかし，陸上植物では呼吸困難になり，甚だしいときには死を招くことになる（12ページ「（6）通気組織」の項参照）。したがって，水はけや通気をよくして土中の酸素を多く保ち，根の呼吸作用が円滑に行われるようにすることが，植物を健全に育てる基本になる。

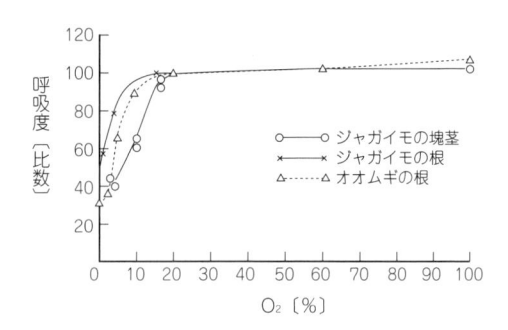

図2-23 呼吸作用に及ぼす酸素分圧の影響（Curtis & Clark）

図2-24に示すように，温度も呼吸作用に影響する。これは光合成と同じように，呼吸作用の過程が化学反応によって進められているためである。呼吸作用にも適温があり，これより高くても低くても呼吸作用は弱くなる。植物では生活できる最低温度から最適温度の範囲内で温度が10℃上昇することにより，呼吸作用は約2倍になる。

根の呼吸作用は養分吸収とも密接な関係を持っている（81ページ参照）。これは養分吸収が呼吸作用によって得られたエネルギーを用いて行われるためである。

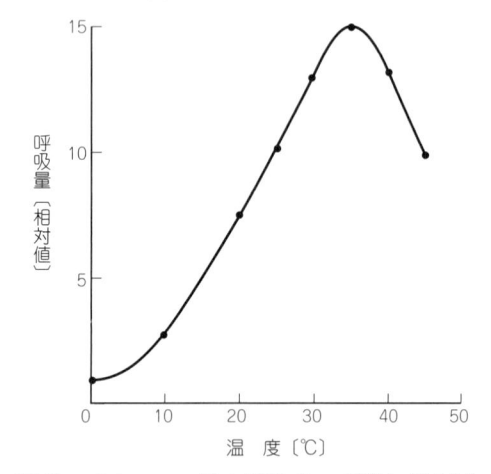

図2-24 エンドウ芽生えの呼吸に及ぼす温度の影響（Fernandes）

また，根の呼吸作用が活発に行われるには，呼吸材料となる炭水化物が絶えず供給されていることが必要で，これは光合成によって供給されるので，根を健全に保つには光合成が活発に行われなければならない。

これら呼吸作用は，植物体を構成するあらゆる細胞内の細胞質とミトコンドリアで営まれる（8ページ「ミトコンドリア」の項参照）。

（3） 光合成・呼吸作用と植物の生活

光合成と呼吸作用は，植物が生きていくための重要な生理的な営みである。この両者の関係はすでに述べたことからもわかるように，炭水化物の合成（光合成）と分解（呼吸作用）という相反する生理作用ということができる。

$$\text{二酸化炭素} + \text{水} + \text{エネルギー} \underset{\text{呼吸作用（炭水化物の分解）}}{\overset{\text{光合成（炭水化物の合成）}}{\rightleftharpoons}} \text{炭水化物} + \text{酸素} + \text{水}$$

光合成によって生産された炭水化物が，生きていくための営みである呼吸作用の材料として消耗され，その残りが成長のための植物の体の構成材料となるのであるから，光合成と呼吸作用及び植物の生活現象との間には，次のような相互関係が成り立つ。

① 光合成量よりも呼吸量が大きい場合（光合成量＜呼吸量）…呼吸材料となる炭水化物が供給できないため，生命は維持できず枯死する。

② 光合成量と呼吸量が等しい場合（光合成量＝呼吸量）…呼吸材料の供給があるため生命は維持できるが，成長は見られない。

③ 光合成が呼吸量よりも大きい場合（光合成量＞呼吸量）…生命を維持し，残余の炭水化物によって成長が行われる。

植物が正常な生活を続けていくには③の場合でなければならない。そして「光合成量－呼吸量＝物質生産量」で，呼吸作用によって消費された残りの炭水化物量，すなわち「物質生産量」の多いことが，植物が健全な生活を営むうえで重要なことである。

（4） 光合成・呼吸作用と他の物質代謝＊

図2－25に植物の体の中で行われている物質代謝の相互関係を示す。植物の体の構成単位である細胞は細胞壁によって囲まれている。この細胞壁はセルロースやリグニンからできており，これらはいずれも光合成によって生産された炭水化物が材料となっている。また，炭水化物と根から吸収された窒素からアミノ酸が合成され，これから細胞原形質の主要成分であるタンパク質がつくられる。脂肪やその他植物の体の中に含まれている有機物質は炭水化物が材料となっている。そして，これらの物質の合成には呼吸作用によって得られたエネルギーが用いられる。このように，植

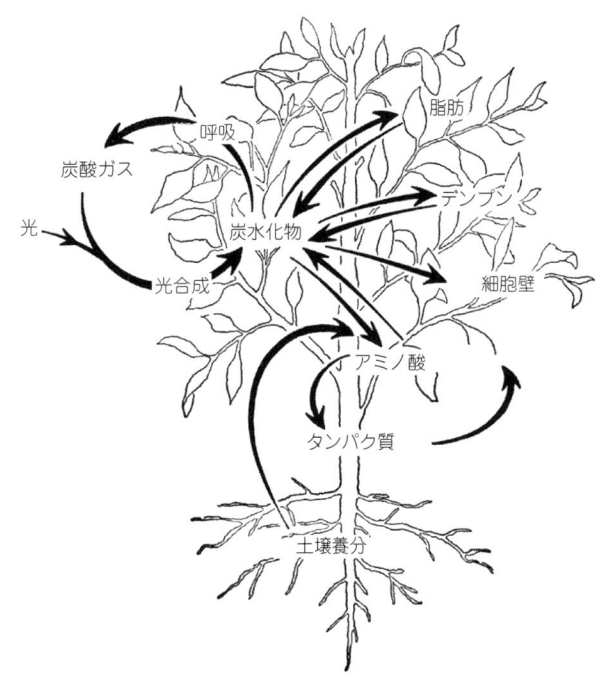

図2－25 光合成・呼吸と物質代謝の関係
（Bonner & Galston，一部改変）

＊物質代謝：植物体内における物質変化の過程。化学的に，より簡単な物質をより複雑な化合物に合成する過程を合成的物質代謝又は同化作用といい，これとは反対に複雑な化合物を分解する過程を分解的物質代謝又は異化作用という。これらに伴う化学反応は，いずれも酵素の助けを借りて進行する。

物の体の中に含まれている有機物質の合成は，すべて光合成と呼吸作用が基礎になっている。

1.3 植物と水

水は植物が生きていくうえで最も大切なものである。植物が含んでいる水の量は，かたい樹木類で50％，草や茎のやわらかい部分で70〜80％，多肉植物や果実で85〜90％，藻類では95〜98％で，およそ植物の体の$\frac{3}{4}$は水とみてよい。また，乾燥種子でも10％前後の水を含んでおり，完全に水を取り去ってしまうと発芽力を失う。

これらの水は原形質の一要素をなしているばかりでなく，細胞液として多量に存在し，細胞壁を内から外へ押し広げている。このように細胞壁が引き伸ばされた状態になっていることで，成長を促すことになる。また，植物体を構成している細胞1つひとつが張りつめた状態でいることで，植物体をシャキッと立たせておくこともできる。これを体制の維持という。細胞内の水が不足するようであれば，細胞の張りつめた緊張状態もなく，いわゆるしおれということになる。また，水は植物の体の中で行われている物質（炭水化物・タンパク質・脂肪・ビタミンなど）の合成や分解における化学反応や，これらの体内の移動にも重要な働きを行っている。土壌中の無機養分を溶解し，吸収を助けるのも水である。

植物による吸水は，主として根毛によって行われている。図2-26に示すように，細胞内に入った水は，根の内部に移動して導管に入り，さらに茎から葉の導管に水柱となって連なり，大部分は葉面の気孔から蒸散作用により大気中に放出される（図2-27）。気孔の開閉の様子は図2-28に示す。この蒸散作用により葉の導管から茎の導管，さらに根の導管に連なる水柱を引きあげることになり，これによって水の吸収や移動が促される。生花で水切りを行うが，これは空気中で茎を切ると導管内に空気が入って水柱がとぎれ，水の移動が行われなくなるのを防ぐためである。

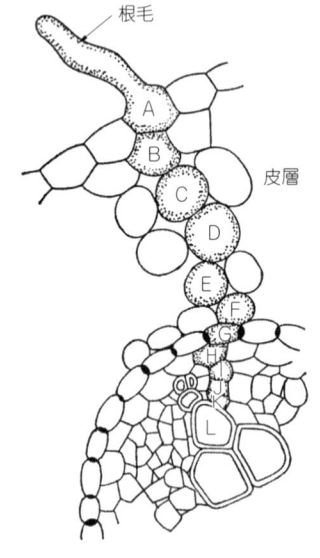

A：根毛　B〜F：1次皮層の細胞　G：内皮の細胞
H〜K：中心柱内の細胞　L：導管

図2-26 根毛(A)から導管(L)にいたるまでの水の吸収経路(Priestley)

第2章 植物の生活

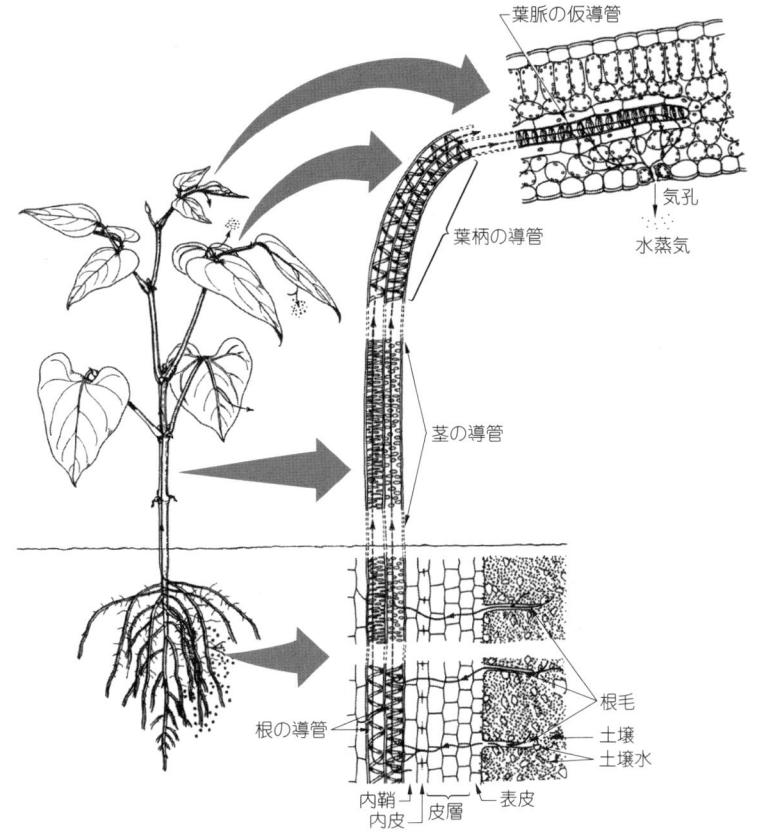

左はインゲンマメ全体の水の移動を，右は体内の水の通路移動を示す

図2−27　根による吸水から葉による蒸散までの模式図（Rost ほか）

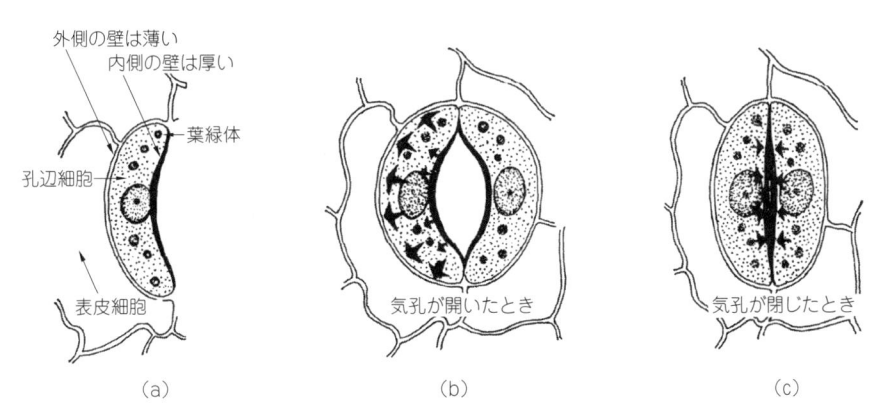

(a) 孔辺細胞の壁は孔に接する部分が厚い。
(b) 孔辺細胞の膨圧が高まると，薄い外側の壁は外側に膨らんで厚い弾力のある内側の壁を引張り，そのため気孔が開く。
(c) 孔辺細胞が膨圧を失うと，厚い内壁はその弾力で元の形にもどり，気孔は閉じる。

図2−28　気孔の開閉の模式図（Bonner & Galston）

土壌中の水は植物に水を供給するうえで重要なものであるが，これは土壌中の空気（酸素）の存在の状態とも深いかかわりを持っている。土壌は図2-29に示すように，土壌粒子（固相）とそれらのすき間（孔隙）より成り立っている。そして，土壌孔隙は空気（気相）と土壌水（液相）によって占められている。畑地ではこれら三相の割合が固相50％，気相と液相がそれぞれ25％（孔隙率50％）の状態が最もよいとされている。この気相と液相との関係について見ると，もし土壌水が多く，孔隙に占める液相の割合が大きくなると，反対に気相の割合は小さくなって土壌空気（酸素）が不足し，根は呼吸困難に陥る（88ページ参照）。このように根の呼吸作用は，土壌水の存在状態とも深いかかわりを持っているのである。

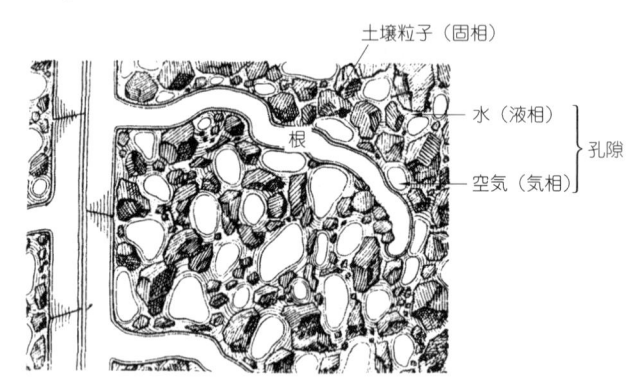

図2-29　土壌の三相と土壌中に伸びる根

1.4 植物と無機養分

植物が正常な生活を営むためには，無機養分として炭素・水素・酸素・窒素・イオウ・リン・カルシウム・カリウム・マグネシウム・鉄・マンガン・ホウ素・亜鉛・銅・モリブデン・塩素・ニッケルの17元素が必要で，これを必須要素という。このうち，炭素・水素・酸素は空気中の二酸化炭素や水から得られる。残りの14元素は土壌から無機養分として吸収され，窒素・イオウ・リン・カルシウム・カリウム・マグネシウムは多量に必要なもので多量要素といわれ，それ以外のものはごくわずかで必要量が満たされているので，微量要素と呼ばれている。

これら必須要素のうち，炭素・水素・酸素・窒素・リンは植物の体を構成する材料として，さらに窒素は細胞原形質の主要成分であり，リンは光合成や呼吸作用やその他の物質代謝において，いずれも重要な役割を演じている。イオウ・カルシウム・マグネシウムは植物の体を構成する材料として役立つとともに，生理作用にも関係を持っている。カリウムの役割はよくわかっていないが，いろいろな物質の合成に関与しているものと考えられ

ている。鉄・マンガン・亜鉛・銅・モリブデンは酵素の**補酵素**[*1]として働く。ホウ素は糖の転流[*2]，塩素は光合成に関与している。また，カルシウム・カリウム・マグネシウム・マンガンなどは酵素の働きを活発にする働きがある。

植物の養分吸収は根から行われるが，葉面散布によって葉から吸収させる場合もある。根による養分吸収は若い先端部で盛んに行われる。また，養分吸収は呼吸作用によって得られたエネルギーを用いて行われるので，根の呼吸作用に影響する要因によって支配される。すなわち，一般に根の呼吸作用を促すような条件下で養分吸収も活発に行われるので，養分吸収を旺盛にして健全な植物を育てるには，根の呼吸作用が活発に行われるような環境を整えることが重要である。

養分吸収と環境とのかかわりについて見ると，まず温度については，図2－30に示すように，イネでは水温が適温の場合に養分吸収も最も盛んに行われる。光も光合成を通じて影響する。根の呼吸作用は光合成によってつくられた炭水化物を用いて行われるので，日照不足などによって光合成が低下するような場合には養分吸収も悪くなる。土壌中の酸素は直接根の呼吸を通じて養分吸収に影響するので，通気のよいことが望ましい（図2－31）。養分吸収には土壌酸度も関係が深い。図2－32は土壌酸度と土壌中の**可給態養分**（植物が吸収・利用できる状態の養分）との関係を示したものである。この図で各養分の帯の幅の広いところほど，可給態養分の多いことを示している。無機養分のうち，鉄を除いて酸度が大きく（pHが小さく）なれば，どの養分も植物が吸収・利用できる割合が小さくなることがわかる。また，ある養分の吸収が

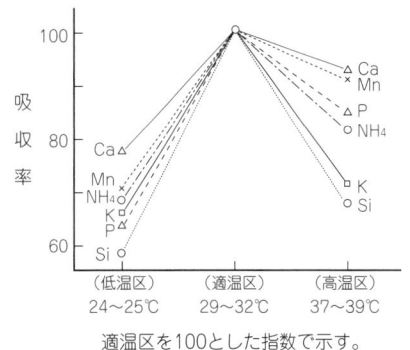

図2－30　イネの養分吸収に対する水温の影響（馬場氏ほか原図）

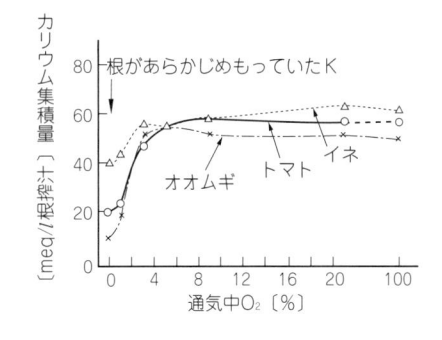

図2－31　カリウム吸収に対する通気酸素濃度の影響－24時間処理（Vlamis ほか）

[*1] 補酵素：73ページ脚注参照
[*2] 転　流：吸収された無機養分や体内で生産された代謝産物が，主として通導組織を通ってある組織（器官）から他の組織（器官）に運ばれること。

他の養分によって抑制されたり，促進されたりする場合があり，前者を**拮抗作用**，後者を相助作用という。図2-33はその関係を示したものであるが，例えばリンが土中に多量にあると，カリウム・亜鉛・銅・鉄の吸収が抑制（拮抗作用）されるが，反対にマグネシウムの吸収は促進（相助作用）される。

植物に利用される養分が十分あればよいが，不足すると支障を来たすことになる。養分が不足しているかどうかは，土壌や植物体を分析することによって知ることができるが，これは容易でない。ところが，植物に養分が欠乏してくると，その養分独特の欠乏症状が現れるので，これによって不足している養分を推定することができる。これを見分けるにはまず，欠乏症状が古い葉に現れるのか，又は新しい葉に現れるのかを知ることである。古い葉に欠乏症状の現れるものは体内を移動しやすい

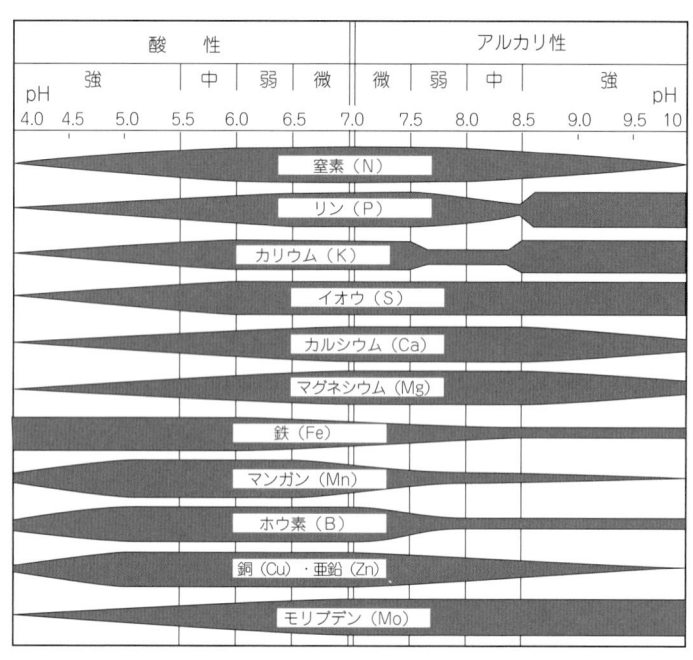

図2-32　土壌の反応（pH）と肥料要素の溶解・利用度

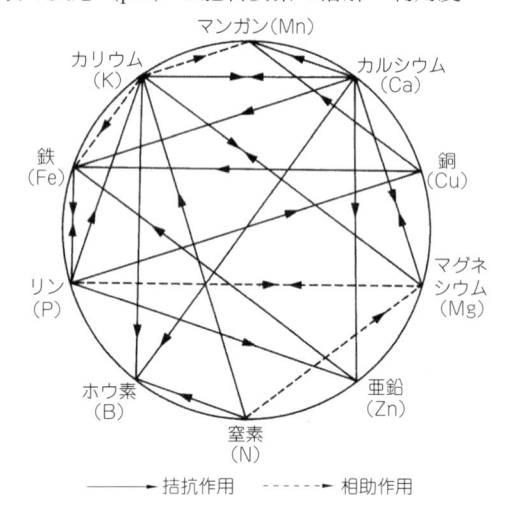

図2-33　要素の相助作用

養分で，窒素・リン・カリウム・マグネシウム・亜鉛・モリブデンで，新しい葉に現れるものは体内を移動しにくいカルシウム・イオウ・鉄・マンガン・銅・ホウ素・塩素である。これを基にして，養分欠乏の診断を次のような順序で行う。なお，タバコの主な養分欠乏症状を図2-34に示す。

このような目に見える症状が現れるのを可視障害といい，このときはすでにかなり症状が進行している。植物体内ではそれ以前に不可視障害といって症状は出始めている。欠乏の生じた原因は，土壌中にその養分が不足しているのか，又は土壌中に十分あっても先に

述べたような，何らかの原因で植物が吸収・利用できない状態になっているのかを判断し，対処しなければならない。

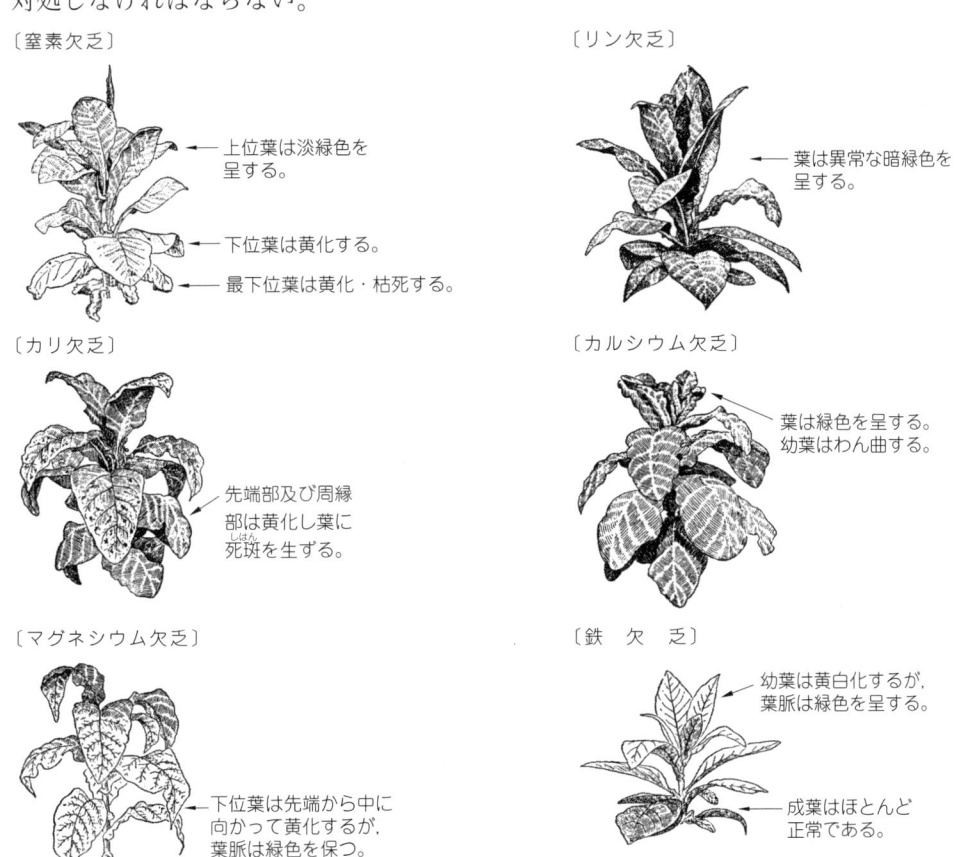

〔窒素欠乏〕
　　　← 上位葉は淡緑色を呈する。
　　　← 下位葉は黄化する。
　　　← 最下位葉は黄化・枯死する。

〔リン欠乏〕
　　　← 葉は異常な暗緑色を呈する。

〔カリ欠乏〕
　　　← 先端部及び周縁部は黄化し葉に死斑（しはん）を生ずる。

〔カルシウム欠乏〕
　　　← 葉は緑色を呈する。幼葉はわん曲する。

〔マグネシウム欠乏〕
　　　← 下位葉は先端から中に向かって黄化するが，葉脈は緑色を保つ。

〔鉄　欠　乏〕
　　　← 幼葉は黄白化するが，葉脈は緑色を呈する。
　　　← 成葉はほとんど正常である。

```
1．影響は全体に及び，特に古い下葉に現れる。
  2．影響は全体に及び，古い葉が黄化又は枯死する。
    3．茎葉は淡緑色となり成長が悪く，古い葉は黄化して落葉する。……窒素欠乏
    3．葉は異常な暗緑色を呈し，光沢に乏しく，成長が悪く，下葉は葉脈が黄色又は紫色を帯び落
      葉する。……リン欠乏
  2．影響はふつう下葉に現れる。
    3．下葉は周辺から黄化し，のち褐色の死斑（しはん）が見られるようになる。……カリ欠乏
    3．脈間は黄化し，葉脈は緑を保ち，後期に死斑を生ずる。……マグネシウム欠乏
1．影響は新葉に現れる。
  2．頂端部はふつう生きている。
    3．脈間は変色するが葉脈は残る。
      4．死斑は見られない。全面白化することもある。……鉄欠乏
      4．小さい褐色斑又はスジが葉面に現れる。……マンガン欠乏
    3．葉は淡緑色で，葉脈のほうが脈間より淡色……イオウ欠乏
  2．若い葉の先端又は基部が変形し，頂端部は通常枯死する。
    3．頂端部の葉がカギ状になり，先端と周辺から枯れてゆく。……カルシウム欠乏
    3．若い葉の基部が壊れる。茎及び葉柄はもろい。……ホウ素欠乏
```

（まず，1と1を比較して該当するものを選ぶ。次に選んだ1の中の2を比較して該当するものを選ぶというように，順次該当するものを選んでいく。）

図2－34　タバコの養分欠乏症状（Bonner & Galston）

1．5　植物と災害

(1) 大気汚染と植物

　鉱山の精錬所や化学工場，交通機関などから排出される各種の有害物質によって大気が汚染され，植物が障害を受けている。ここでは植物に対して影響のある主な大気汚染物質について述べる。

a．フッ化水素

　フッ化水素はアルミナの電解工場，リン酸製造工場，タイル・ガラス製造工場などから発生し，植物に対する毒性は非常に強い。葉面の気孔から吸収されたガスは導管に達し，根から吸収された水の上昇に乗って葉の先端・周縁に達し，各種酵素の働きを阻害して細胞や組織に障害を与え，**クロロシス**[*1]や**ネクロシス**[*2]を起こす。症状は図2-35に示すように，葉の先端や周縁部に生ずる。

　フッ化水素に対する植物の感受性は表2-5のようで，1類・2類は5ppb[*3]以下，3類は5～10ppb，4類・5類・6類は10ppb以上の濃度で，いずれも7～9日間の接触

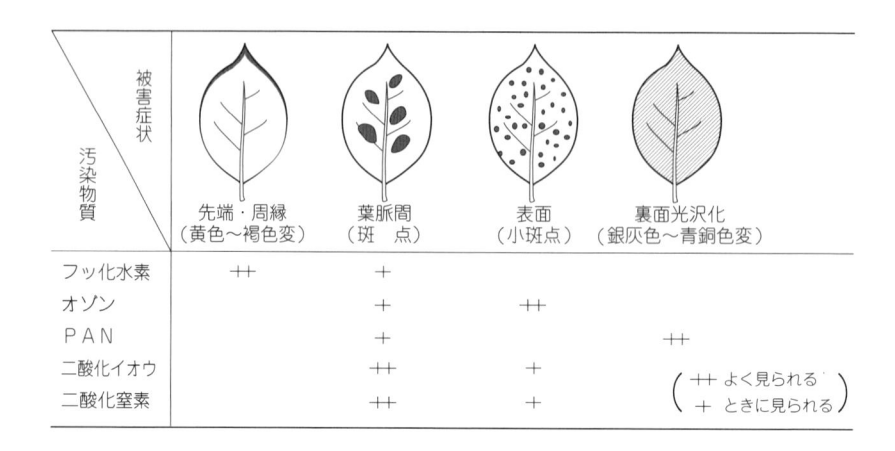

汚染物質＼被害症状	先端・周縁（黄色～褐色変）	葉脈間（斑点）	表面（小斑点）	裏面光沢化（銀灰色～青銅色変）
フッ化水素	++	+		
オゾン		+	++	
PAN		+		++
二酸化イオウ		++	+	
二酸化窒素		++	+	

（++ よく見られる　＋ ときに見られる）

図2-35　各汚染物質による植物葉の被害症状の特徴（渋谷ほか）

---

*1　**クロロシス**：葉緑素欠乏のこと。
*2　**ネクロシス**：壊死（えし）といい，生体の一部（器官・組織・細胞）が死ぬこと。
*3　**ppb**：Parts per billion（10億分の1）の略号で，ppmの1000分の1の濃度で表す。
　　ppm：微量の物質の濃度を表す単位。Parts per million（百万分の1）の略号で土壌，水，ガス中に含まれる物質の濃度を表す。1ppmはそれぞれ次のようである。
　　　土壌の場合：土壌1000g中に，ある物質が1mg含まれている場合（mg／1000g）。
　　　水の場合：（mg／1000ml）
　　　ガスの場合：（ml／m³）

表2-5　フッ化水素に対する植物の感受性 (Thomasほか)

高		中		低	
（1類）	（2類）	（3類）	（4類）	（5類）	（6類）
グラジオラス	モ　モ	ダリア	ツツジ	フウリンソウ	キ　ク
アンズ	イチゴ	ペチュニア	バ　ラ	カシワ	キンギョソウ
ソ　バ	ブドウ	クローバー	ライラック	マツ（古葉）	スイートピー
チューリップ	アイリス	リンゴ	ニンジン	トマト	シャクナゲ
サクラ	マツ（若葉）	カエデ	ホウレンソウ		ヒャクニチソウ
		ヤナギ			
		ベゴニア			

により軽微な障害を生ずる。特にグラジオラスはこのガスに敏感な植物で，指標植物*として利用されている。

b．オキシダント

オキシダントはオゾンとPAN（パーオキシアセチルナイトレート），その他，光化学反応により生成される酸化物の総称である。オキシダントは交通機関や工場，ビルなどの排煙より発生する。被害の症状は図2-35のようで，オゾンは主として葉の柵状組織を侵しやすく，症状は葉の表面に均一な灰白色～褐色の小さい斑点や不規則なそばかす状のしみが現れる。PANは海綿状組織が侵されるので，葉の裏面が光沢化したり，銀灰色又は青銅色を呈する。オゾンは植物に対して0.05～0.07ppmの濃度で5時間の接触により激しい障害を生ずる。また，PANは植物に対し0.05ppmの濃度で8時間の接触により被害を生ずる。オゾン及びPANに対する植物の感受性を，それぞれ表2-6及び表2-7に示す。

表2-6　オゾンに対する植物の感受性

高	中	低
ホウレンソウ, トマト, アサガオ, ライラック, ペチュニア, ケヤキ, ポプラ	アカマツ, サクラ, ナシ, サワギキョウ, キンセンカ, バラ, ケイトウ	ゼラニウム, グラジオラス, イチョウ, ヒノキ, クスノキ, ネズミモチ, キョウチクトウ

表2-7　PANに対する植物の感受性 (Taylorほか)

高	中	低
ペチュニア, インゲンマメ, フダンソウ, ハコベ, ダリア, レタス, トマト	アルファルファ, ニンジン, ダイズ, タバコ, コムギ, ホウレンソウ	ツツジ, ベゴニア, キク, トウモロコシ, キュウリ, キャベツ

*　**指標植物**：環境条件をよく示すことのできる植物。従来は土壌の反応や肥沃度の判定など，農業上に利用されてきたが，最近，大気汚染など環境汚染の指標として使われるようになってきた。フッ化水素に対するグラジオラスがこれに当たる。

c．二酸化イオウ

硫酸酸化物（SOx）のうち，最も問題になるのは二酸化イオウ（亜硫酸ガス）である。二酸化イオウによる農作物への被害は古く江戸時代から発生し，現在に至っているが，近年，エネルギー革命により，石炭から石油へと石油の使用量が増大し，これを燃料とする工場などから排出されるガス中の二酸化イオウによる植物への影響が問題になっている。

二酸化イオウは気孔を通して植物の体の中に入り，植物体の有機酸の分解によって生じたアルデヒド類と結合してアルファオキシスルホン酸を生じ，これが有害に作用し，酵素作用の阻害や体内成分の合成・分解をかく乱し，細胞や組織を侵し，クロロシスやネクロシスを起こす。葉は淡黄色や灰緑色を呈し，次第に白変する。また，このような**可視的障害**[*1]の現れる以前に，光合成や呼吸作用などへの生理的な**不可視的障害**[*2]が認められる。表2－8に二酸化イオウに対する植物の感受性について示す。

表2－8　二酸化イオウに対する植物の感受性

高		中		低	
アルファルファ	1.0	カリフラワー	1.6	グラジオラス	1.1〜4.0
ライムギ	1.0	タンポポ	1.6	カンナ	2.6
コスモス	1.1	ナス	1.7	バラ	2.8〜4.3
スイートピー	1.1	リンゴ	1.8	カエデ	3.3
レタス	1.2	キャベツ	2.0	タマネギ	3.8
ホウレンソウ	1.2	エンドウ	2.1	ライラック	4.0
ブロッコリー	1.3	アジサイ	2.2	キュウリ	4.2
ヒマワリ	1.3〜1.4	ベゴニア	2.2	ヒョウタン	5.2
クローバー	1.4	ブドウ	2.2〜3.0	キク	5.3〜7.3
ニンジン	1.5	アイリス	2.4	セロリ	6.4
コムギ	1.5	ポプラ	2.5	カンキツ類	6.5〜6.9
				マスクメロン	7.7

注）O'garaによる測定値より抜粋，アルファルファを基準とした指数を示す。

d．二酸化窒素

窒素酸化物（NOx）はオキシダント発生の原因物質であり，このうち二酸化窒素が最も毒性が強い。しかし，二酸化窒素による植物への影響は比較的小さく，ピントビーン（インゲンマメの一種）の場合，3ppmの濃度で4〜8時間の接触により被害の兆候が現れ，30ppmの濃度で2時間の接触により，激しい障害が認められる。表2－9に二酸化窒素に対する植物の感受性を示す。

[*1] 可視的障害：養分欠乏や汚染物質などの障害によって生じた症状が植物体の一部に可視的に確認できること。
[*2] 不可視的障害：可視的障害は見られないが，光合成や呼吸作用などへの生理的障害のこと。

表2-9　二酸化窒素に対する植物の感受性（Taylorほか）

高	中	低
インゲンマメ，レタス，カラシナ，タバコ，ヒマワリ，ツツジ	ライムギ，オレンジ，タンポポ，ハコベ	アスパラガス，アカザ，ヒース

(2) 気象災害と植物

a. 低温障害

　低温障害は植物が低温によって被害を受けることで，これには0℃以上の低温による冷温障害と，0℃以下の低温によって生ずる凍害とがある。

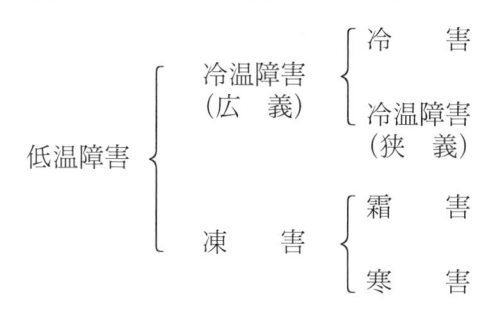

$$
低温障害 \begin{cases} 冷温障害（広義） \begin{cases} 冷害 \\ 冷温障害（狭義） \end{cases} \\ 凍害 \begin{cases} 霜害 \\ 寒害 \end{cases} \end{cases}
$$

　冷温障害のうち最もよく知られているのが冷害で，イネやダイズなどの夏作物が夏期の冷涼な気温によって被害を受けるものである。イネでは花粉のできる時期に15～17℃くらいの低温で障害が現れる。また，熱帯原産の植物が0℃に近い低温や，冷水の灌水による吸水の低下のため蒸散とのバランスを失い，しおれた状態となり，障害を生ずることがある。凍害は細胞の凍結によって原形質が水を奪われ，その機能を失うことによって生ずるものである。このうち霜害は，春季の晩霜によって木本植物の幼芽が被害を受けるもので，植物を被覆したり，重油などの燃焼，散水，送風などの対策がとられている。寒害は厳冬期の低温によって冬作物や常緑樹の茎葉が被害を受けるもので，危険地域（寒気の流れ道やたまり場）の栽植を避けたり，被覆による対策がとられている。

b. 高温障害

　高温障害は植物が高温によって被害を受けることで，これには直接的障害と間接的障害がある。直接的障害は細胞原形質が54℃以上のような高温によって凝固し，細胞の死を招くものである。これは森林において強度の伐採により，残った樹木の幹が直射日光を受けて温度が上昇し，形成層の温度が致死温度を超える場合で，特に樹皮の薄い樹木でこのような陽焼けによる障害の生ずることが多い。一方，植物体が致死温度に達しなくても，温度が高くなると葉からの蒸散に吸水が伴わず，植物体が水分欠乏を起こす場合がある。また，植物が高温状態におかれると呼吸速度が急激に高まり，光合成産物の消費が多くな

り，この状態が数日間継続すると同化産物を消耗し危険状態となる。これらはいずれも間接的な障害である。

c．雨害と湿害

　雨害による直接的な被害は，降雨によって種子が落下したり，受精障害を起こしたり，また，サクランボの裂果などで見られる。間接的な被害は降雨により土壌が過湿になり，湿害を生ずることがある。湿害は雨ばかりでなく，排水不良地などでも生ずる。これは先にも述べたように（80ページ参照），土壌孔隙に占める水の割合が大きくなると，酸素の欠乏により根が呼吸困難に陥ることによって生ずる。比較的高温時にはこのことに加えて，土壌中の酸素欠乏によって土壌中に有害物質（硫化水素・二酸化炭素・亜酸化鉄・有機酸など）が発生し，根の呼吸作用を一層阻害する。これには排水を図ることで対策を講ずることができる。湿害に強い植物はカキツバタ・アジサイ・シダレヤナギ・ミズキ・マンリョウ・ジンチョウゲなどがあり，湿害に弱い植物にはトマト・ネギ・コスモスなどがある。

d．干害

　空気の乾燥や土壌水分の不足によって植物に障害を生ずることを干害という。干害は究極的には細胞から水が奪われて乾燥死することであるが，枯死に至らないでも体内水分の損失によって生理作用が支障を来たす。その1つは，植物の体の水分が減少すると炭水化物やタンパク質などの合成よりも分解が促され，植物は正常な生活を営むことができなくなる。また，体内の水分が減少すると気孔が閉じ，これが光合成の低下を招くとともに，水分の減少そのものが光合成を阻害する。一方，呼吸作用は体内水分の減少によって高進される。このことが光合成の低下と相まって植物の物質生産量を減少させ，植物の生活に悪い影響を与える。

　植物が乾燥に耐える性質を耐干（乾）性というが，体内の水分が奪われにくいしくみを持つ植物は耐干性も大きい。すなわち，「細胞浸透圧の大きいこと」「原形質の親水性コロイドの多いこと」「形態的には葉面積が小さいこと」「根の発達のよいこと」「クチクラ蒸散の少ないこと」などである。

　植物をあまり過度でない乾燥状態の下で育てると，耐干性が大きくなる。これをハードニング（硬化・耐干性増強）という。これは先に述べたように，体内水分の減少はデンプンのような不溶性炭水化物の分解を促して水溶性炭水化物（糖）を多くし，これによって細胞の浸透圧が高められ，耐干性が増大するのである。前述（a項）の凍害においても，植物を徐々に低温にあわせていくと，同じようなしくみで耐凍性が増してくる。これも

ハードニング（耐凍性増強）という。

e. 雪害

雪害による直接的な被害は，木本類のように，地上空間に枝を張っている植物の樹冠が積雪によって重くなり，それによって枝がまた裂きされたり，折れたり，また，根元の積雪の加重によって幹割れなどを生ずることがある。図2－36にいろいろな雪冠のでき方を示す。一方，積雪の沈降や移動によっても枝や幹の折れることがある。

地表に生育している植物では，長期の積雪で光合成が行われず，呼吸作用による炭水化物の消耗が多い場合には，植物は衰弱し，病気に侵されやすくなる。

間接的な被害としては，融雪による洪水や冷水による害があげられる。

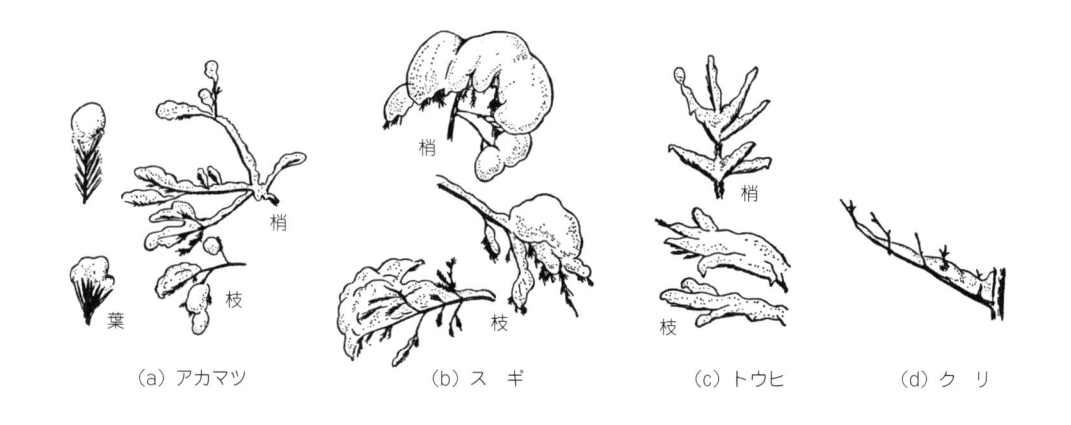

(a) アカマツ　　(b) スギ　　(c) トウヒ　　(d) クリ

図2－36　樹種と雪冠の状態（安藤 隆夫氏）

第2節　植物の生態

植物は地球上のいろいろな地域に住み，さまざまな環境条件に適応して生活し，個体や種族の維持を行っている。また，植物は孤立して生活することはなく，同種や異種の植物が集まって植物群落を形成している。そこでまず植物群落を構成する種と植物の名前について述べ，次いで植生と植物群落の構造・分布・遷移について述べる。

「種」という漢字は一般的に「たね」と読む人が多い。

しかし，生物学では「たね」とは読まず「しゅ」と読む。リンドウ・キキョウ・ヤマユリなど個々の種を意味し，分類の基本単位である。

「たね」のことを生物学では「しゅし」といい，「種子」と書く。

2．1　植物集団の構成員としての種(しゅ)（species，略号 sp.）

　植物の集団を理解（研究）するには，その集団を構成する種を明らかにし，認識しておく必要がある。種は植物（生物）の分類学上の基本単位で，すべての植物（生物）は雑種を除きいずれかの種に属し，植物集団の構成単位でもある。

（1）　種(しゅ)とは何か（種の概念）

　植物（生物）は40～38億年という地球上の生命の長い歴史の中で分化し，多種多様な形態や機能を持つさまざまな種をつくり出してきた。また，18世紀中ごろ，種は不変であると考えられていたが，種の形や性質（形質）は多くの世代を通して変化していく実体（進化）であることが一般にも認められるようになってきた。そのため，種とは何かという問題は時代とともに変化してきている。生物学において「種（species）」という語は，1686年にレイによって初めて用いられたといわれている。種という概念はそのころから次第に自然発生的に生じてきたと考えられている。「分類学の父」といわれるリンネ（1707～1778）はレイの影響を受け，種は神が創造したもので，不変に存続し，異種との間に厳重な不稔性の境界がある。また，種は単一の型の個体からなり，変異は「原型からのずれ」と考え，種の間には形態的に著しい不連続があると考えた。

　サクラ・キク・ユリが別種であることは誰が見ても明らかである。これは，互いに形がはっきりと異なっていて，普通は中間型は存在しない。そのため，種は形態的に明瞭な特徴があって他と容易に区別できるものと考えられる。このような形態的な不連続に基づいて区分される最小の単位を種として「**形態種（形態的種）**」と呼んでいる。

　一方，19世紀から20世紀にかけて進化論や遺伝学さらに生態学が確立され，種の概念も修正されてきた。

　近年，「生物学的種」という考え方が出されて支持されている。この場合の種とは「実際に交配を行っているか，又はその潜在能力を有する自然集団の群で，他の群とは生殖的に隔離されているもの（メイヤー，1942）」と定義されている。

　しかし，問題点として，すべての個体間の交配可能性や潜在力を実証できないことや，無性的な繁殖や自家受粉のみを行う植物には適用できないことなどが指摘されている。そのため，形態種に生物学的種概念を反映させつつ使用するのが妥当であるという考えもある。

　また，構造は機能の表れであり，機能は構造によって保証されているので，形態的に認識される種の中に生物学的種概念で表される多くの生命現象は含まれているので，形態種

が実践的な種概念であるという考えもある。このように，現在でも，種の正確な定義は与えられていないが，今まで発表されたいろいろな意見をまとめて一般的な定義をすると次のようになる。

① 種とは個体又は個体群の集まりである。
② 個体群は変異（個体間の形質の相違）する傾向があって，変異には個体変異と突然変異（遺伝子の変化）がある。
③ 形態的な類似性を持ち，重要な基礎的形質は共通し区別できない。
④ 地理的に一定の分布域（生育している広がり）を持つ。
⑤ 一般的に染色体数やその形（核型）などは同じで，一定の遺伝的組成を持つ。
⑥ 個体間で自由に交配（受精）ができ，次代の植物は子孫をつくる生殖能力（稔性（ねんせい））がある。

以上のことから種が異なるということは一般に次のようになる。

① それぞれの個体又は個体群が，互いにはっきりと形態的に異なり，その間に中間的なものが見られず不連続である。
② 異なる地域や環境に生育する。
③ 染色体数や核型など遺伝子組成が異なり，異種間の交配は困難で雑種はできない。たとえ交配ができてもその子（雑種）は子孫をつくれない（不稔）。

種以下は分類群として認めることができるような進化のさきがけとなるような変異を持ち，その程度によって亜種，変種，品種に分けられている。

① 亜種（subspecies，略号 ssp. 又は subsp.）

　他種として区別するほど重要でない形態的な性質で区分され，同種内の他の亜種と異なる地理的分布域を持つ。また，地理的に異ならないものや生態的に性質が異なるものも含まれる。

② 変種（varietas，略号 var.）

　基本種とは 2～3 の形質が異なり，地理的に異なる分布域を持つ。また，分布に関係ないものや，他の変種と共通分布するものもある。

③ 品種（forma，略号 form. 又は f.）

　個体に現れる小さな変異に用いられる。例えば毛の有無，花冠や果実の色，花冠や葉の斑（ふ）入りなどの形質である。園芸分野で使われている変種は大部分がこの品種に相当する。

(2) 分類階級

　植物の分類では，植物の類縁関係を表すために種を基本としてその上下にいくつかの分類群（分類上のある集まり）をつくり，分類階級を設けて植物界の体系を表している（図2-37）。ヤマザクラ・オオシマザクラ・マメザクラなどは種を表しているが，これらは「サクラの仲間」ともいえる。サクラという種はなく，総称名で種より上位の階級を表している。このようによく似た種を集めて「属」という分類群をつくり，似たいくつかの属をまとめて「科」とし，同じようにして目・綱・門・界が設定されている。また必要に応じて各階級の間に中間的な階級を設けて亜門・亜綱・亜目・亜科・亜属をつくる。種以下の分類階級には亜種・変種・品種がある。下位の階級の分類群ほど類縁関係は近い。動物の分類階級では種以下の階級は，亜種しか認められていない。

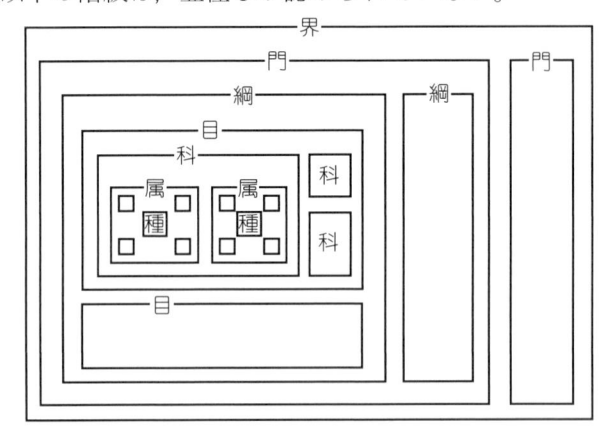

界	門	亜門	綱	亜綱
植物界	維管束植物門	種子植物亜門	被子植物綱	双子葉植物亜綱

目	亜目	科	亜科	属	亜属	種
バラ目	バラ亜目	バラ科	バラ亜科	サクラ属	サクラ亜属	マメザクラ

亜種	変種	品種
キンキマメザクラ*		ヤエノキンキマメザクラ*

＊キンキマメザクラは亜種の段階にしてあるが，変種とする見解もある。

図2-37　分類群の階級

(3) 植物の名前

　種をはじめ，属や科・目などの分類階級にはすべて名前がつけられている。植物の名前には万国共通で生物学上の名前である学名と各国の国語で名づけられた普通名がある。

a．学名

　同じ植物の種でも国や地域によって名前が異なり，ヤマユリ，ヤマザクラなどと言っても日本以外では通用しないし，英名で言っても他国の大部分の人には通じない。分類学を

学問として体系づけるためには、植物名を世界の研究者が共通の名前で呼び、理解することが必要である。そこで世界の植物学者が集まって国際植物学会議（第1回は1868年に開かれ、現在も6年ごとに開催され、規約を改訂している。）を開催してその合意を得て国際植物命名規約がつくられ、これに従って学名がつけられることになった。規約の基本的な考えを要約すると次のようになる。

① 動物の学名とは無関係である。
② 植物の学名は1点の標本をタイプ標本（正基準標本）として選定し、それに学名がつけられる。命名の際にその種の記載文（植物の形態の特徴に関する記述）をつける。
③ 学名には発表の先取権がある。
④ 学名は最も早く発表されたものを用いる。
⑤ 学名はラテン語又はラテン語化したものを使う。また、記載文もラテン語で書く。
⑥ 命名規約は過去にさかのぼって効力がある。

b．学名の書き方（二名法）

種の学名は分類の基本的な単位である属と種の名をつけてその植物の所属と特徴を表す方法で2つの部分からできているので二名法という。二名法の学名は属名と種小名（種小辞、種の形容語）の2語の組合せで表現し、その次に命名者名を書く。属名とそれより上位の学名は名詞を使い、頭文字は大文字で書く。種小名は形容詞を使い頭文字は小文字で書く。ただし、人名や俗名（原産地名）から由来した種小名は大文字で書いてもよい。命名者名の頭文字は大文字で書き、Linneus を Linn. とか L.、Thunberg は Thunb. のように省略の仕方が慣習で決まっている。複数の命名者の間に「ex〜」と記されているのは、ex の前に書かれている命名者が学名を命名したが記載をしなかったので ex の後に書かれている命名者が記載したことを示している。なお、分類学の論文以外では命名者名を省略してよいことになっているが、分類学者によって学名が異なることがあるので、命名者を書いたほうが好ましい。慣習として文章中で学名を目立つようにするため、属名と種小名の字体はイタリック（斜体字）やボールド（太字）で、命名者名をローマンで書き字体を変える。科名以上の分類階級はローマンで書く。種より下位の分類階級である亜種、変種、品種の学名は、種の学名の後に、それぞれを表す名前（ローマン）の前にそれぞれの階級を示す略号（斜体字ではない）を付けて追記する。

種内に2つ以上の亜種や変種がある場合、最初の種を基本種と呼び、その亜種名は略号の後に同じ種小名を繰り返し、命名者名は書かない。

園芸品種名（栽培品種名）は種の学名の後に cv.（cultivar）と書き，その後に園芸品種名を書くか，園芸品種名をクォーテーション（"）に入れて表記する。

命名者名は省略し，園芸品種名はラテン語表記ではなく，どこの言葉でもよく，頭文字は大文字で，ローマンで表記する。

学名の例

　（科　　名）　Fagaceae ブナ科，Rosaceae バラ科，Compositae キク科

　（属　　名）　*Chrysanthemum* キク属－金の花，*Thea* チャ属－中国名の茶

　（種　　名）　　属　　名　　　種　小　名　　　　命　名　者

［例］

　　ヒマワリ　　　*Helianthus*　　　*annuus*　　　　*Linneus*
　　　　　　　　　太陽の花　　　　一年生の　　　　リ　ン　ネ

種以下のランクの表記

Prunus incisa Thunb.ex.Murray	subsp. *kinkiensis* Kitamura	from. *plena* Sugimoto
スモモの 鋭く裂けた ツンベルギー マレーラテン語（古名）	亜種 近畿産の 北村 階級を示す略号	品種 八重の 杉本 階級を示す略号
種名の表記　　　　　　　　マメザクラ	亜種を表わす部分	品種を表わす部分
亜種名の表記　　種名＋亜種名を書く	キンキマメザクラ	
品種名の表記　　種名＋亜種名＋品種名を書く		ヤエノキンキマメザクラ

亜種のある基本種の表記（例：マメザクラ）

　　Prunus incisa Thunb. *subsp. incisa*
　　　　　　　　　　　　亜種小名は種小名と同じ名を繰り返す。

園芸品種の表記（例：ボタンの一園芸品種名'金閣'）

　　Paeonia suffruticosa　　cv.　Kinkaku
　　Paeonia suffruticosa　　'Kinkaku'
　　種（ボタン）を表わす部分　園芸品種を表わす部分

雑種の表記（ソメイヨシノ）

　　Prunus × *yedoensis* Matsumura
　　　　　└ 雑種を表わす（×は雑種を示す記号）
　　└ サクラ属を表わす部分

ラテン語は中世以来学術語として使用されているが，現在は日常口語としてはほとんど使われていない。現代風の一定の発音はないので，英語やドイツ語に似た発音をする人もいるが，ローマ字風に読めばよい。

c．普通名（和名）

各国の植物にそれぞれの国語で固有の名前がつけられており，普通名（国名）という。植物名は普通名詞なので，学名のような規則はない。

日本語の普通名を和名という。和名のつけ方には特別な規則はなく，植物名は昔の生活から自然発生的に生じたものが多い。また，地域によってそれぞれ名前がつけられたので同じ種に異なる名前をつけたり，異種なのに同じ名前がつけられたりしている。そこで現在，図鑑や植物書で使われている植物名を標準和名といい，これとは異なり各地方で使われている植物名を俗名（方言名）ということもある。標準和名の規則はないので和名を書くときは，図鑑に書かれているものを使うとよい（図鑑によっても異なることがある。）。和名を植物学的に使う場合は漢字を使わず，カタカナで表記する。

2．2　植物の集団

植物（生物）は集団の中で生活している。その集団にはどのようなものがあるだろうか。集団の構成によって次のように分けることができる。

(1)　個体群

自然界に見られる種は個体がばらばらに存在するわけではなく，まとまって広がり生育している。この中である空間（小地域・大地域）を占める同種個体の集まりを個体群という。個体群をもう少し厳密にいえば種の生育地の広がりを分布範囲（分布域）といい，その中で地形やその他の要因で生育できない場所もあるため，実際にはいくつかの地域的集団に分かれてモザイク的に分布している。地域的集団の1つひとつは多少の独自性を持ち，一応独立した生活単位となっていて，この個体の集まりを個体群という。

個体群の中や近くの個体群間では交配が行われ，種としてのまとまりを維持し発展させている。

(2)　群　集

日本の代表的な雑木林であるコナラ林の林内に入ってみるとコナラだけではなくクヌギ・イヌシデ・ヤマザクラなどの木々が混生し，下草にはアズマネザサが密生して生育しているところもあれば，草本類に覆われている場所もある。水田にはイネが植えられ他の植物はないように見えるが，そばによってよく見るとイヌビエやコナギなどの雑草が混生している。スギの植林も幼木のうちは草刈りをしないと他の植物が繁茂して覆われ，ひどいときは枯死してしまう。

このように自然界では，個体群が単独で生育することは少なく，普通は多種の個体群と

共存している。この個体群が共存する集団を群集といい，植物の群集の場合は，特に**群落**（植物群落）という。群落をもう少し厳密に見ると植物の単なる共存ではなく，ある地域に生育している植物の集団（植生）の中で，何らかの基準によって区分され，他とは互いに区別できるようなまとまり（単位性）を持つ植物の集団で，地域の気候や土壌などの影響を直接受けて，特徴的な種からなる植物集団を指す。

群落はいろいろな基準で区分され，群落内で量的に多い種（優占種）で分けた場合，スダジイが優占すればスダジイ群落又はスダジイ林，ブナが多ければブナ群落又はブナ林，ススキが多い草原をススキ群落又はススキ草原という。

群集のもう1つの意味は，群落分類学の中で群落の構成種（種組成）の特徴によって分類した群落分類学上の基本単位としてこれを群集といい，まだ分類的に位置づけられていないものを群落という。多種の個体群の集団を指す群集と同じ群集が使われるので，混同しないように注意する必要がある。

植物群落の分類階級は，「群集」が植物分類学の「種」に相当し，群集より上位の単位として類似のいくつかの群集をまとめたものを群団という。群団の上には，群目・群綱・上群綱などの上級単位がある。群集以下は，亜群集・変群集などがある。群落分類の例を表2−10に示す。

表2−10　植物群落の分類階級

上群綱	群綱	群目	群団	群集	亜群集	変群集
ナラ-ブナ上群綱	ブナ群綱	ササ-ブナ群目	スズタケ-ブナ群団	ヤマボウシ-ブナ群集	シナノキ亜群集	クロモジ変群集

（3）相観と群系

植物群落を外から見たときの特徴（様相）を相観といい，次のような要因で区別する。

① 相観の優占種が持つ生活形（生物の生活を反映している形）：高木・低木・草本など。
② 個体の密度（一定面積内の個体数）：密生群落・疎生群落
③ 群落の高さ：高木林・低木林・草原
④ 季節による変化：常緑樹林・夏緑樹林（落葉樹林）
⑤ 優占種の葉の形：針葉樹林・広葉樹林

以上のうち生活形が最も重要な要因で，環境と密接な関係がある。

相観によって分類したものを群系といい，構成種は問題にせず，1つの大陸又はそれに近い地域内で同じような気候条件・立地条件で見られる一定の相観を持つ大きな植物群落

をいう｛熱帯多雨林・常緑広葉樹林・夏緑広葉樹林（落葉広葉樹林）・ステップ・サバンナなど｝。

（4） 生物共同体と生態系

　自然界では植物と動物の区別なく同一地域で互いに関係を持ちながら多くの個体群が混在して生活している。動物は無機物から有機物を合成できないので，植物が生産した有機物（植物体）を餌として体内に取り込み・分解し，それをもとに動物に必要な有機物を再合成している。そのため植物が生育していない場所では動物は存在することができない。植物と動物は別々の集団をつくっているが，互いに一体となって生活している。このような植物と動物が共存している集団を生物共同体といい，これが本来の自然の姿である。

　群系（熱帯多雨林・常緑広葉樹林など）と特徴的な動物群を含めた生物共同体をバイオームという。生物群集と生物の生活に関与する環境を含めた機能系を生態系という。自然を考えるうえでは生物共同体より生態系のほうが適していると考えられている。

2．3　植物と環境

（1）　環境要因

　環境とは主体（個体・個体群・群集など）を取り巻く自然全体で，普通，主体に適当に近接した範囲で生活現象に関与する機能的なものを環境という。環境の構成要素を環境要因といい，非生物的環境要因と生物的環境要因に大別される（環境の定義は明確になっていなければならないが，さまざまな考え方があって，完全に一致はせず，定義があいまいなまま一般に使用されている）。

a．非生物的環境要因（物理化学的環境）

　生きていないものすべて入るが無機的なものに限定した場合，無機的環境要因といい，光・温度・空気・土壌など次のようなものがある。

① 光：照度・波長（光合成量）・年周期（長日・短日）・日周期
② 温度：気温（寒暖）・地温・水温・年変化・日変化
③ 降水量：年間降水量（乾・湿）・雨季と乾季
④ 大気：O_2・CO_2・SO_2・気圧・風向・風力
⑤ 地形：尾根・谷・平地・傾斜（傾度・南向き・北向き）
⑥ 土壌の粒子：粒子の大きさ・粒子の性質・粘土・砂土・壌土
⑦ 土壌成分：養分組成・腐植質・pH
⑧ 土壌の乾湿：湿地・乾燥地・中性地

⑨　水界：養分組成・pH・水圧・水流

b．生物的環境要因

生きているものに限定し，同種の他個体と異種（人を含む）が含まれ，生物の死骸や生物由来の有機物を含めた場合は有機的環境要因という。

① 種内関係：種内競争，動物では，なわばり・順位・リーダー制などがある。
② 種間関係：種組成・種間競争・寄生・共生・食物連鎖などがある。

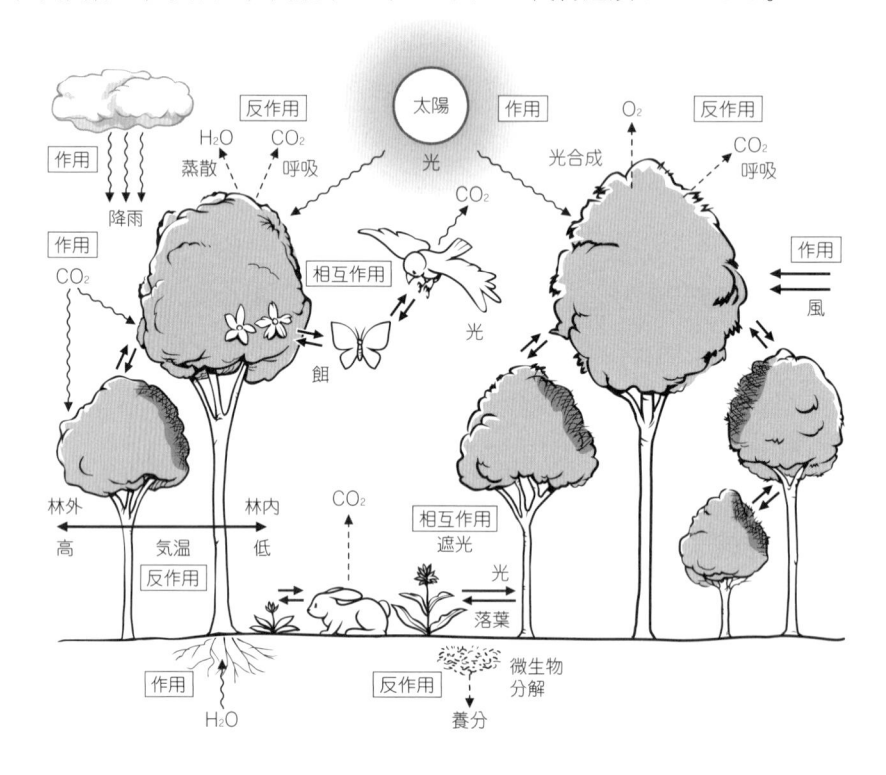

図2－38　森林内の作用・反作用・相互作用

（2）　環境要因と植物の相互作用（図2－38）

植物と無機的環境は一定の関連性を持ち，無機的環境から植物に働きかけ，その生活に何らかの影響を与えることを作用（環境作用）という。反対に植物が生活することによって無機的環境に働きかけ影響を及ぼすことを反作用（環境形成作用）という。

例えば，森林が形成されて周辺と異なった気候が形成されたり（反作用），植物がCO_2を使って光合成を行って成長し（作用），O_2を大気中に放出して増加させる（反作用）。森林内に落ちた葉は堆積し，やがて微生物に分解されて土壌に養分を供給している（反作用）。さらに植物（生物）相互の働き合いを相互作用（生物相互作用）という。この例は，植物の花が蜜を出して昆虫に餌を提供し，そのかわりに花粉を運んでもらったり，昆

虫が植物を食べ，その昆虫を鳥が捕食して生命を維持していること，また森林を構成する木は光を求め空いている空間に枝を広げ，それに伴って下草が受ける光量が減少することなどがある。生態系内ではこの3つの作用は密接に関連し，無限に進行している。

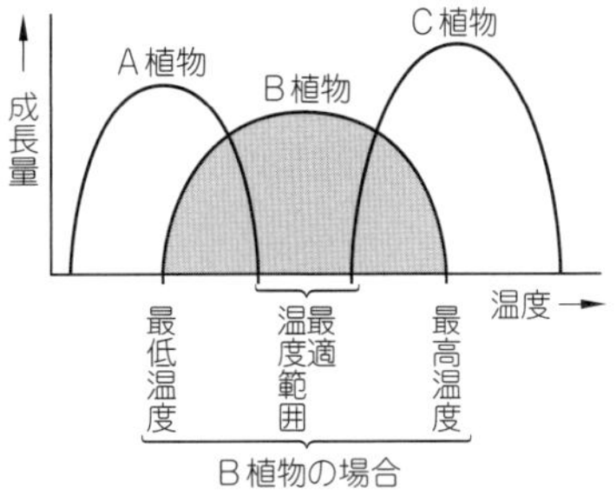

(3) 最適温度範囲

植物が生育できる温度範囲はそれぞれ決まっていて，最も生育がよい温度範囲を最適温度範囲という（図2－39）。植物は種によってそれぞれ異なった最適温度範囲を持ち，それぞれの種が生育する地域の温度はその場所の緯度・高度・地形・季節・時刻などによって異なっている。このことが種による分布の違いに現れてくる。

図2－39 生物の生活と温度範囲

(4) 暖かさの指数と寒さの指数と乾湿指数

植物群系の地理的分布を決めている主な環境要因は温度と降水量である。一般にある地域の温度条件を表すときに年平均気温や最高・最低気温などが利用される。植物の分布と年平均気温の分布を対応させて見ると一致するところもあるが，細かく見るとずれているところが多い。そこで植物の生育期間の温度に着目して，植物が1年間に一定量以上の生活をするには一定以上の積算温度を必要とするという考えに立ち，その積算温度を暖かさの指数（温量指数 WI）という。暖かさの指数はトウモロコシの成長と温度の実験をもとに，植物の生育に適する生育期間は平均気温が月5℃以上の月とし，月平均5℃以上の各月の平均気温からそれぞれ5℃を引いた残りの値を加え合わせた値で表す $\{WI = \sum_{}^{n}(t-5)$：t は各月の5℃以上の平均気温，n は5℃以上ある月の数$\}$。単位は［℃・月］で表す。この指数は世界各地の植生と温度分布が一致する。暖かさの指数と各気候帯及び日本の群系を対応させると表2－11のようになる。亜熱帯多雨林（常緑広葉樹

表2－11 暖かさの指数（Warmth Index：WI）と各気候帯の対応及びそれを日本の群系と対応させた場合

暖かさの指数と気候帯	暖かさの指数		気候帯	
	WI	= 0	極氷雪帯	Polar frost zone
	WI	: 0～15	寒帯	Polar (tundra) zone
	WI	: 15～45	亜寒帯	Subpolar zone
	WI	: 45～85	冷温帯	Cool temperate zone
	WI	: 85～180	暖温帯	Warm temperate zone
	WI	: 180～240	亜熱帯	Subtropical zone
	WI	> 240	熱帯	Tropical zone

暖かさの指数と日本の群系	群系	暖かさの指数	地域	緯度
	常緑針葉樹林	15～(45～55)	北東北海道	43～45°
	夏緑広葉樹林	(45～55)～85	南西北海道 東北	37～43°
	常緑広葉樹林	85～180	関東，九州	30～37°
	亜熱帯多雨林	180～240	南西諸島，小笠原	24～30°

林）は180〜240，常緑広葉樹林（照葉樹林）は85〜180，夏緑広葉樹林（落葉広葉樹林）45〜85，常緑針葉樹林帯は15〜45に相当する。この指数は日本の多くの植物についてその種の南限と対応しており，また夏緑広葉樹の分布の北限とも一致している。しかし東北地方の内陸部では常緑広葉樹の北限とは必ずしも一致していない。その原因は冬の寒さによるものと考え，「月平均気温が5℃以下の各月の月平均気温と5℃の差を合計した値」に−（マイナス）をつけたものを寒さの指数（Coldness Index：CI）$\{CI=-\sum_{}^{12-n}(5-t):12-n$ は平均気温 t が5℃以下である月の数$\}$ とした。常緑広葉樹林の北限は $CI=-10$（℃・月）程度である。タブ・アカガシ・アラカシなどの分布北限の寒さの指数は−15である。暖かさの指数が85以上ある地域（中部地方や東北地方の内陸部）であっても寒さの指数が−15以上の寒い地方には常緑広葉樹は分布していない。すなわち，この地域の冬の寒さが常緑広葉樹の分布を制限し，クヌギ・コナラが優占する暖温帯夏緑広葉樹林とモミ・ツガのような温帯性常緑針葉樹林やこれらの混交林が形成されている。

日本の各地域における垂直分布帯と暖かさの指数と寒さの指数を図2−40に示す。

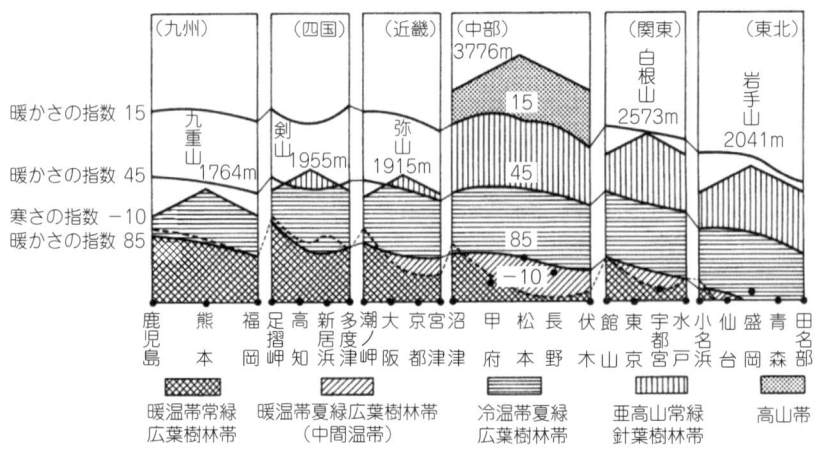

図2−40 わが国の山岳の垂直分布帯と暖かさの指数及び寒さの指数との関係（吉良，1949）

降水量は乾湿指数（K）で表される。これは年間降水量（P）を暖かさの指数（WI）で割ったもので，暖かさの指数が100以下のときは，暖かさの指数に20を加算し，100以上のときは降水量を2倍（$2P$）にして暖かさ指数に140を加算して計算する。

$$K=\frac{P}{(WI+20)} \quad\cdots\cdots\cdots（WI<100\text{の場合}）$$

$$K=\frac{2P}{(WI+140)} \quad\cdots\cdots\cdots（WI>100）$$

暖かさの指数と乾湿指数から，世界の群系を区分した図を図2－41に示す。乾湿指数が0～3は砂漠，3～5はステップ（草原），5～7はサバンナと落葉針葉樹林，7以上は暖かさの指数の値によっていろいろな群系が区分される。

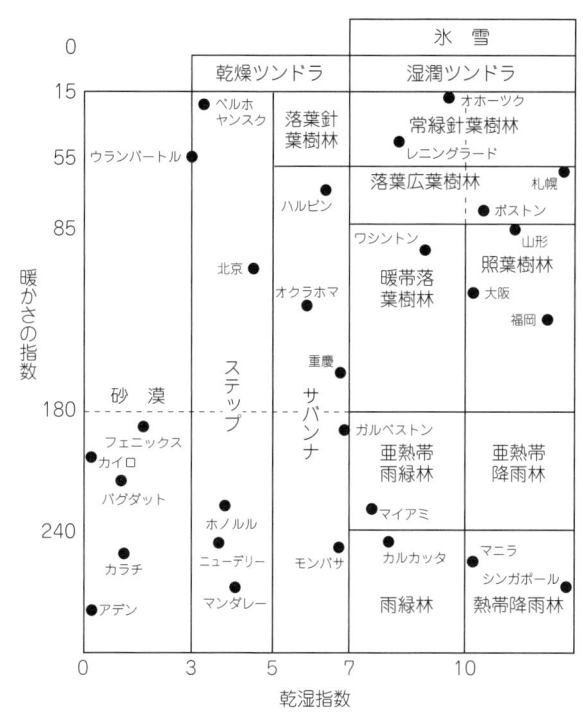

図2－41 暖かさの指数と乾湿の指数

（5）生活形

植物は環境と密接な関係を持ち，それに適応してさまざまな生活様式を持っている。生活様式を反映している形態を生活形という（図2－42）。

ラウンケルの休眠型は乾燥期や低温期のような生活にとって不利な時期に見られる休眠芽（冬芽）の形態や位置が，環境と密接に関係しているとして休眠芽の地表面からの高さによって生活形を分類した。生育不適期に休眠芽が地上30cm以上につくものを地上植物とし，さらに休眠芽の高さが0.3～2mの微小地上植物，2～8mの小型地上植物，8～30mの中型地上植物，30m以上の大型地上植物に分類する。また，休眠芽が地表から地上30cmまでにあるものを地表植物，休眠芽が地表に接してつく半地中植物，休眠芽が地中又は水中にあるものを地中植物とした。休眠芽が水中又は水で飽和した地中にあるものは水湿生植物（水生植物と湿生植物）ともいう。また，1年以内に枯死してしまうものを1年草といい，越冬しないものを夏型1年草，越冬するものを冬型1年草（越年草）とい

う。

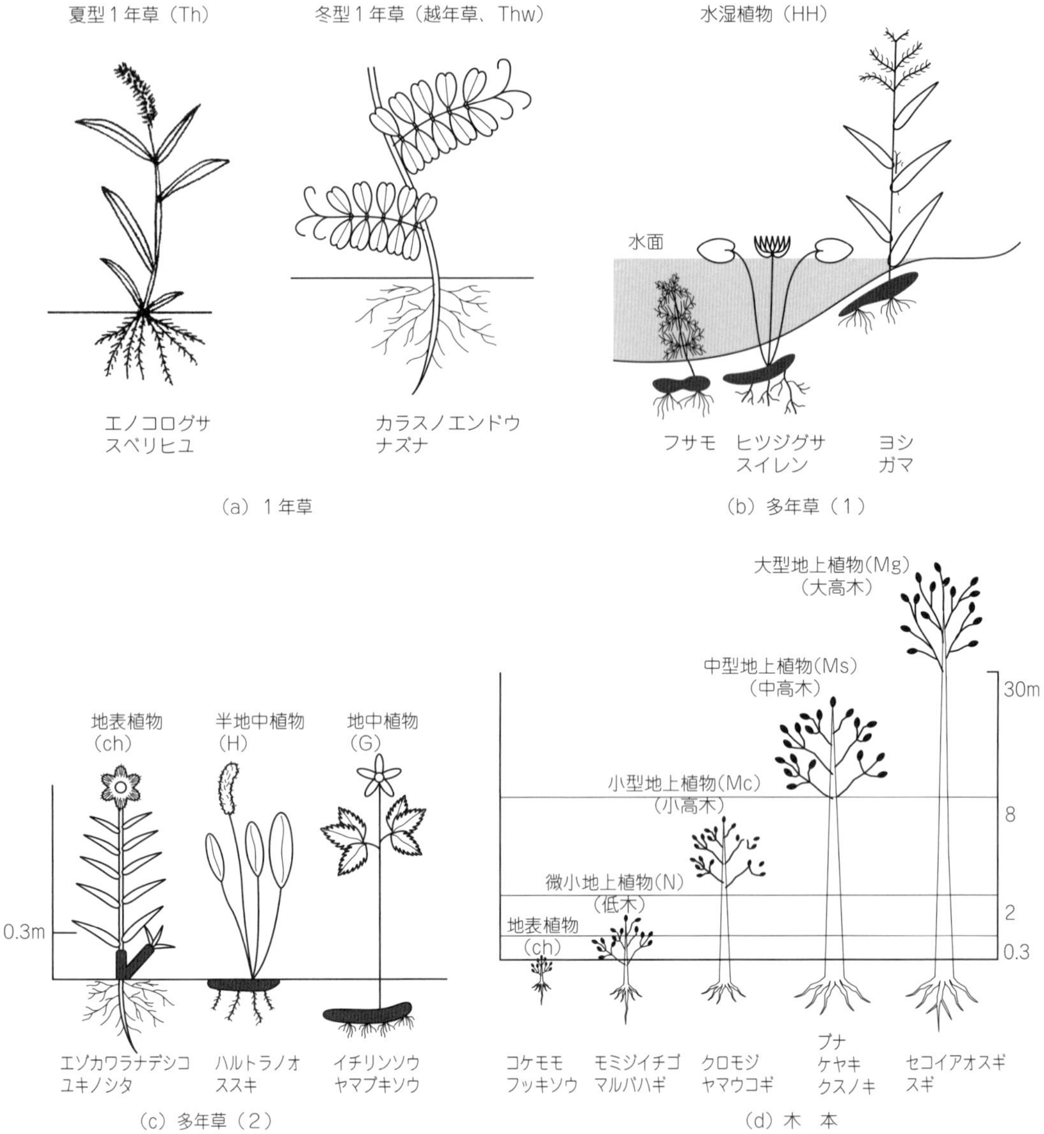
夏型１年草（Th）
冬型１年草（越年草、Thw）
水湿植物（HH）
水面
エノコログサ
スベリヒユ
カラスノエンドウ
ナズナ
フサモ
ヒツジグサ
スイレン
ヨシ
ガマ
（a）１年草
（b）多年草（１）
大型地上植物（Mg）
（大高木）
中型地上植物（Ms）
（中高木）
30m
地表植物
（ch）
半地中植物
（H）
地中植物
（G）
小型地上植物（Mc）
（小高木）
8
微小地上植物（N）
（低木）
2
0.3m
地表植物
（ch）
0.3
エゾカワラナデシコ
ユキノシタ
ハルトラノオ
ススキ
イチリンソウ
ヤマブキソウ
コケモモ
フッキソウ
モミジイチゴ
マルバハギ
クロモジ
ヤマウコギ
ブナ
ケヤキ
クスノキ
セコイアオスギ
スギ
（c）多年草（２）
（d）木　本

図２－42　植物の生活形

低温や乾燥といった条件は，休眠芽の位置が地表面より高いほど厳しく，地下部の深いところほど影響が少ない。そのためその地域の条件が生活形の組成に現われ，図２－43に示すように熱帯では地上植物が優占し，温帯では地中植物や半地中植物が優占する。寒帯では地上植物がきわめて少なく，半地中植物や地表植物が優占する。また，１年の大部分の時期が乾季で年間の降水量も少なく，植物の生活にとって不適なところは１年草の占める割合が高い。

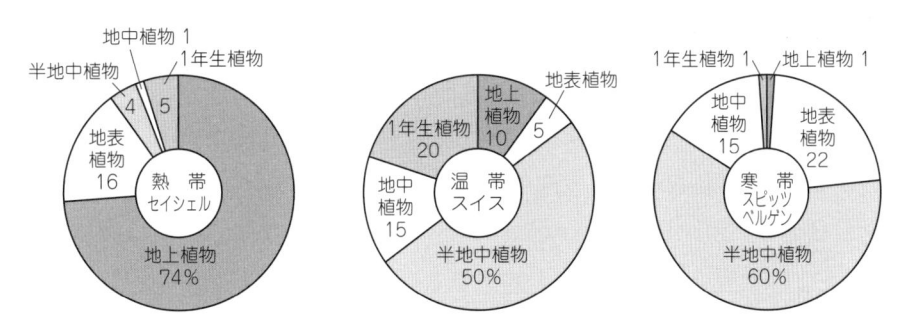

熱帯では、地上の植物（特に高木）が優占し、温帯では、地下茎で越冬する半地中植物が優占する。寒帯では、地上植物がきわめて少なく、半地中・地表植物が優占する。

図2－43　世界の各地域における植物の生活形の割合

(6) 水分条件と植物（図2－44）

　生育地の水分条件によって，水生植物と陸生植物に区分する。水生植物には根は水底に固着せず植物体が水中や水面に浮いて生活する浮水植物（浮遊植物・浮表植物・ウキクサ），葉が水面に浮かんでいる浮葉植物（ヒシ・スイレン），根は水底にあって葉が水上に出る挺水植物｛抽水植物（マコモ・ガマ・ヨシ）｝，根が水底にあって葉も水中にある沈水植物（クロモ・エビモ）などがある。陸生植物は湿地に生育する湿生植物（ヨシ・セリ・イネ・ミズゴケ），適湿の土壌に生育する中生植物（ヨモギ・ススキ），砂漠，砂丘，河原などの乾燥地に生育する乾生植物（サボテン・カワラヨモギ），海岸，河口，内陸など塩分濃度の高い土地に生育する塩生植物（アッケシソウ・オカヒジキ・マングローブ）などがある。

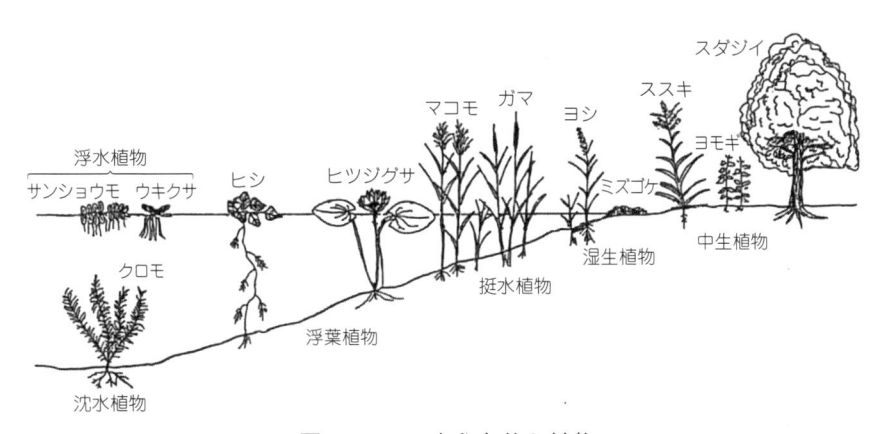

図2－44　水分条件と植物

(7) 陽生植物と陰生植物（光と植物）

　ススキやアカマツのように日当たりのよい場所で生育する植物を陽生植物といい，アオキやシダ類などの日陰で生育する植物を陰生植物という。これは光環境に対する1つの適応で，光合成能力のほか形態的にも異なっている。陽生植物は弱い光の中で生存する能力（耐陰性）には乏しいが，日当たりのよい場所ではよく生育する。これは図2－17，図2－18に示したように光合成における光補償点（光合成量と呼吸量が一致する光の強さ），光飽和点（光を強めても光合成量がそれ以上増加しない光の強さ）が高く，強い光のときは光合成量も増加する。しかし補償点が高いので，呼吸量も大きく弱い光のもとでは生活することができない。また，葉は小型で厚く柵状組織が発達する。草原・森林の上層を構成する種や，1年草，農作物は陽生植物である。陰生植物は耐陰性があり，比較的弱い光で補償点や光飽和点に達し，光合成量は少ないが呼吸量が小さいため光合成量が上回るので生活を維持することができる。また，葉は広くて薄く，柵状組織の発達が悪い。しかし日陰に生育する多くの植物は日向などでも生育でき，中間的な性質を持っているので陰－陽生植物という。また，群落の極相（113ページ参照）を構成する陰樹は，幼時は陰生植物の性質を持ち，大きくなると明るいほど成長がよくなるので条件陰生植物という。一方，1本の植物につく葉でも，よく日の当たる位置につく葉を陽葉といい，葉は小型で厚く柵状組織が発達し補償点が高い。日陰につく葉を陰葉といい，葉は大型で薄く柵状組織の発達が悪く補償点も低い。両者のその違いは陽生植物と陰生植物の葉と共通した点が多い。

表2－12　陽生植物と陰生植物の違い

	補償点	光飽和点	最少受光量	葉の構造	呼吸量	光合成量	代表種
陽生植物	高い 1000lx以上	強光部	25～10%	葉は小型で厚く，柵状組織が発達。	大	大	アカマツ ヒマワリ
陰生植物	低い 500lx以下	弱光部	5～0.5%	葉は大型で薄い。柵状組織の発達が悪い。	小	小	シダ類 ドクダミ

(8) 競　争

　同種又は異種の複数個体が，空間・光・無機養分・水・二酸化炭素など生活に必要な資源に対して共通の要求を持ち，これらの資源を奪い合い，相手に対して負の影響を与える相互作用を競争という。競争は同種個体間の種内競争と異種個体間の種間競争に分けることができる。

a．種内競争

　密度（一定面積内の個体数）が高い純群落（単一種のみで構成されている群落）の中を

のぞいてみると，小型の個体は枯れそうになっていたり，枯死した個体が見られる。これは植物が成長するのに伴い光や無機養分をめぐる個体間の競争が強くなるためで，個体の成長量に優劣が生じ，草丈の低い個体は十分な光を得られず自然に枯死して密度が低くなっていく。この現象を自然間引き（自己間引き）という。密植したスギやヒノキの植林でも成長に伴い太い材を得るために，人為的に間伐・間引きをしている。一般に密度が高くなればなるほど種内競争は激しくなり，平均的な個体の大きさが小型になったり，個体重や種子生産量が減少するなどの変化が現れる。このような密度が関係して生物個体の形質が変化することを密度効果という。また同一立地条件で同種の同齢個体群の密度を変化させ栽培すると，成長初期では単位面積当たりの個体群の全重量は大差がある。しかし，植物が十分に成長すると，密度の大小によらず全重量はほぼ一定の値となる。これを最終収量一定の法則という。

b．種間競争

　光に関する種間競争は植物の高さの成長能力が問題である。一般的には草丈の低い陽生植物は草丈の高い植物の陰になると成長が抑制されたり，枯れたりしてしまう。畑で栽培している作物を育てるとき除草するのは，陽生植物である作物が雑草の陰になったり，施肥した肥料を奪われないようにするためである。

　草本は一般的に木本より伸長成長が早く，同時に発芽した年で比較すると，草本のほうが草丈が高く，木本は草本の日陰になってしまい，成長が抑制される。しかし，この関係は年数の経過とともにやがて逆転する。草本の草丈は毎年ほぼ一定であるが，木本は年々伸長成長し樹高を高め，やがて草本より高くなる。草本は木本に被陰され，耐陰性のある草本以外は生存できなくなってしまう。このように高さの成長能力が種間競争に重要な役割を果たしている。この関係はソバとモヤシに使うヤエナリの混植栽培実験で詳しく研究されている。両種を1 m^2 当たり100本の密度で栽培した純群落と同じ密度で両種の混植群落をつくり，成長量の時間的変化を比較した。純群落ではソバとヤエナリの物質生産量はほぼ同じであった。両種の違いは，図2－45に示すように生産構造が異なり，ソバでは草丈が120cmになったが，ヤエナリの草丈は50cmであった。また葉重量の比率はヤエナリがソバより高い値を示した。ところが混植群落では図2－46に示すように成長に伴い圧倒的にソバが優勢となり，ヤエナリの成長は抑制された。これは，ソバの草丈の成長速度がヤエナリより早く，二層の階層構造がつくられ，ソバが上層，ヤエナリが下層になり，ヤエナリは光不足になって成長が抑制されてしまったためである。自然界でこのような例は埼玉県荒川河川敷のヨシーワレモコウ群落でも観察されている。

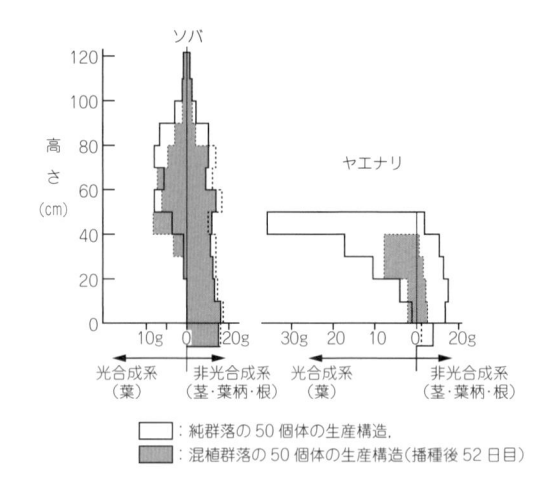

図2-45　ソバとヤエナリの純群落及び混植群落における生産構造

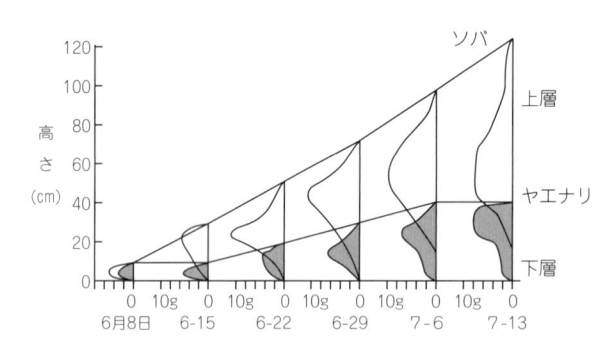

図2-46　ソバとヤエナリの混植群落における葉層の階層構造の発達過程と構造

（9）　生理的最適域と生態的最適域

　自然の中で植物はそれぞれ最も適した環境（非生物的環境）に生育していると考えがちであるが，種によってはそのことが全く当てはまらないことがある。エレンベルクとリーツは中部ヨーロッパに普通に生育する4種の牧草を使って土壌水分が過湿から適湿，さらに乾燥地へ移行する圃場をつくり，各種ごとの単植栽培と4種の混植栽培実験の比較を行った。その結果は図2-47のとおりである。各種とも競争相手のない単植栽培では適湿地が最適地で最大の成長量を示している。混植栽培の場合，適湿地で最大の成長を示したのはオオカニツリとカモガヤである。オオスズメノテッポウは多湿地で，スズメノチャヒキは乾燥地で最大の成長量を示し，最適地よりずれて生育する植物があることがわかった。この生育地がずれる原因は種間の競争の結果で，競争のない場合その植物が最大の成長を示す場所を生理的最適域といい，競争の結果最適域よりずれて生育している場所を生態的最適域という。自然の中でも同じような現象が見られ，いろいろな競争要因と競争の

結果として植物の生育域が決まる。競争力の強い種では生理的最適域と生態的最適域の場所は一致するが、多くの植物は生態的最適域に生育している。

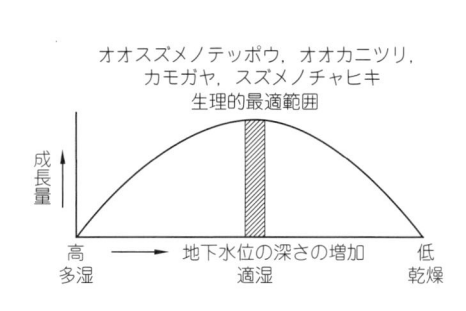

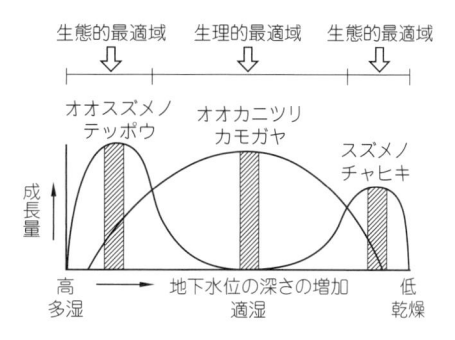

図2－47　牧草の単植栽培と混植栽培の比較実験（エレンベルク，リーツ）

(10) 他感作用（アレロパシー）

植物が生産・排出する化学物質が，同種，異種，動物に影響を与える現象を他感作用という。経験的にリンゴやナシをジャガイモやタマネギと一緒に密閉しておくとジャガイモ・タマネギの発芽が抑制されたり，クルミの木の下では作物の成長が悪いことが昔から知られていたが，いずれも他感作用が原因である。リンゴやナシから出る物質はエチレンで他種の発芽を抑制し，クルミからはジュグロンが分泌され，他種の生育を阻害する働きを持っている。帰化植物のセイタカアワダチソウは裸地や河原などで大群落をつくっているが，図2－48のように群落の中心部が枯れることがある。これはセイタカアワダチソウから分泌された化学物質（シス・デヒドロマトリカリア・エステル＝cis-DME）が自種に作用したものである。また，この物質はヒメジョオンやススキなど他種の種子発芽や成長を阻害する作用があり，化学物質をなかだちにした同種・異種間の相互作用といえる。さらに他種の成長を阻害するので，セイタカアワダチソウが大群落をつくる1つの要因とな

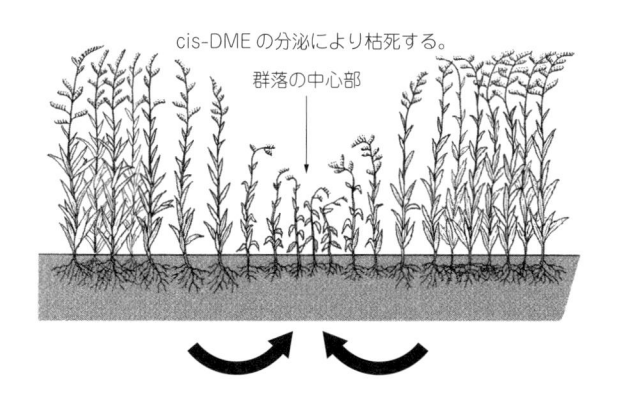

図2－48　植物の他感作用

り，群落の遷移（111ページ参照）にも影響を与えている。以上のほかに作物の連作障害，蜜を分泌して昆虫を誘引し花粉を運ばせること，マリーゴールドがセンチュウを防除することなども他感作用の一種である。

植物に含まれるテルペン類を主体とする揮発性物質をフィトンチッドといい，微生物や原生動物の成長や増殖を阻害する。フィトンは植物，チッドは殺すという意味のロシア語である。

森の澄んだ空気や木の香りなどを求めて森林内に入り，散歩や運動をすることにより，心身をリフレッシュすることを森林浴という。今から90年ほど前にロシアのトーキンが，森の中でリラックスできるのはフィトンチッドが関係していると発表した。樹木から放出されたフィトンチッドと森林浴とのかかわりは森林内の殺菌作用による浄化と香りの快適性が関与していると考えられる。

また，香りを利用したものに香水があるが，植物から抽出した芳香成分（精油）を使って積極的に健康の増進やストレスを解消しようとするアロマテラピー（芳香療法）もある。ペパーミントは殺菌・抗菌作用，ラベンダーには鎮静作用がある。

（11）植物群落の構造（階層構造）

群落における植物（葉群）の垂直的な配列構造を階層構造という。階層構造は群落によって異なり，最も単純なものは岩上の地衣やコケ群落，海岸の砂丘に見られるコウボウムギ群落などで見られ，単一階層からなっている。最も複雑なものは森林群落に見られ，

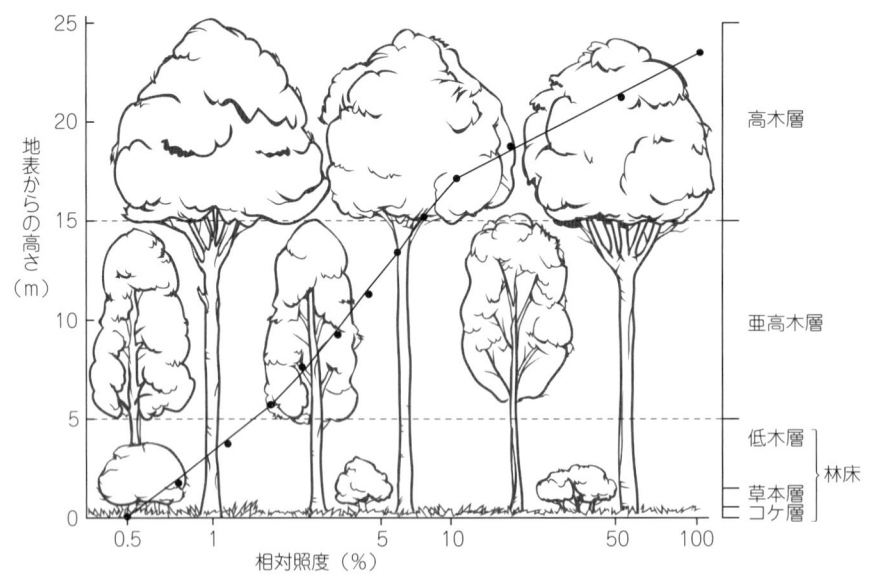

図2−49　森林の階層構造と光の変化（明るさ）

複数の階層からなっている。同じ森林群落であっても階層構造は一様ではなく，熱帯地域の森林群落（熱帯多雨林）は構成種が多く複雑であり，亜寒帯のもの（針葉樹林）は構成種も少なく単純である。温帯では両者の中間型夏緑樹林となっている。また，同じ地域でも多湿地帯は乾燥地帯より複雑である。このように階層構造は生育する場所の環境条件がよい所（高温・湿潤）では一般的に複雑で，環境条件の悪い所（乾燥・低温）では単純である。階層は，高さ別にある程度まとまった葉群（葉が上下に展開している範囲）層を1つの階層として区別される。森林群落の基本的な階層構造は，図2－49に示すように高木層・亜高木層・低木層・草本層・コケ層（地表層）に分けられる。各階層にある植物は上部の階層によって変化した環境（反作用：光・温度など）の影響（作用）を受けて生活している。森林に入ってくる光を見ると高木層では100％の光を受け，亜高木層では高木層に光を遮られるので10％以下の光になり，低木層では5％以下，草本層では1％以下になってしまう。一般的に下層の低木層や草本層の植物には弱い光しか届かないため，この条件に耐えられる陰生植物が生活している。このように階層構造は植物が光をめぐる競争を行った結果として，群落内で植物の垂直的な住み分けをもたらすことによりさまざまな生活形の植物が構成種となり，種類数を豊かにする傾向がある。群落全体としては植物が空間を効率よく利用することを可能にしている。熱帯多雨林では1本の木に多数の種が着生していることが多く，種の多様性に富んでいる。

　刈り取りなどの人為的な影響を受けたススキ群落は草本層だけから成り立つが，内部は上層と下層に区分することができる。アカマツ林は図2－50（b）に示すように（a）のスダジイ林と比べ高木層があまり茂らず空間が広がり，太陽光は中層までよく入り，低木

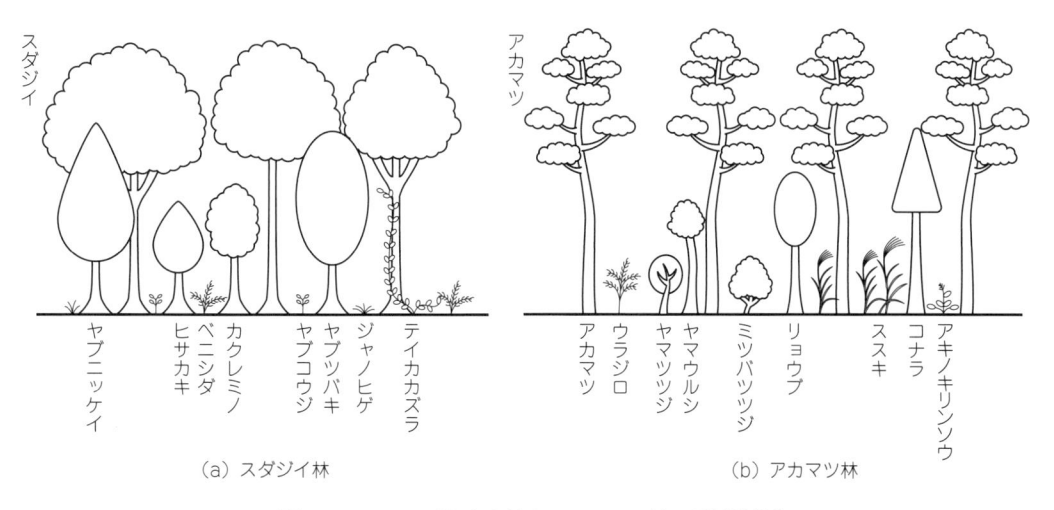

図2－50　スダジイ林とアカマツ林の群落構造

層が発達し，ときには草本層にウラジロが密生することもある。またよく発達したスギやヒノキの植林（人工林）は高木層・低木層・草本層の3層構造からなり，亜高木層を欠くか，あっても貧弱であったり，亜高木層以下が全く見られない場合もある。これは樹冠（樹木の枝葉が集まった部分）が密生して閉鎖されることと手入れのためである。人工林は自然林に比べ植物の種数や生息する動物も少なく，生物群集は不安定で多様性に乏しい。

(12) 植物の生活と季節

日本は四季の変化が著しいが，その季節変化にうまく適応して生活している植物がある。図2-51に示すようにコナラ林やブナ林などの夏緑樹林（落葉広葉樹林）では，季節によって樹冠や林床（低木層と草本層）のようすが大きく変化する。樹木の葉の展開期や落葉期に伴って林床の照度や温度が季節的に変化し，特に落葉期の冬から春にかけて林内は明るくなる。林床にはこの変化に適応した植物群が生活し，早春型・夏緑型・越冬型・常緑型の4型に分けられる。

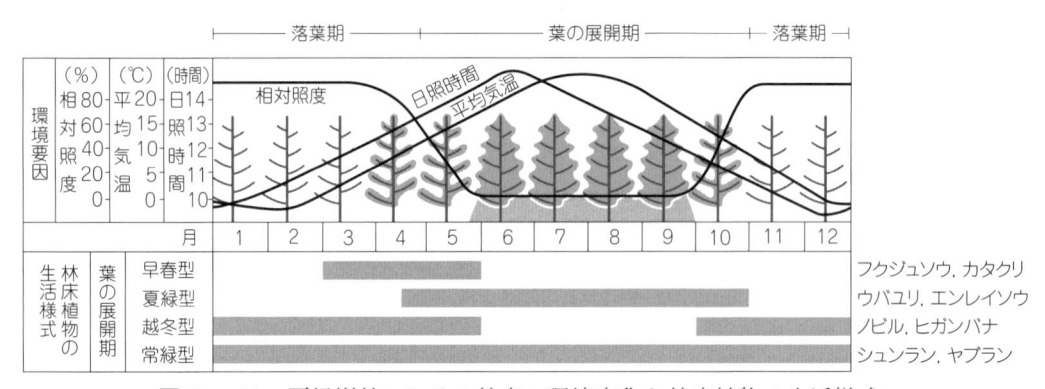

図2-51　夏緑樹林における林床の環境変化と林床植物の生活様式

a．早春型

樹林の葉が展開する前の林床が明るい早春に，葉が展開し開花する植物で夏までには地上部が枯れる陽生植物群でフクジュソウ・カタクリ・アズマイチゲなどがある。このような植物を春植物という。葉が枯れるまでに光合成を行い地下部に同化物質を蓄え，1年の大部分は休眠している。

b．夏緑型

樹林の葉が展開し始めるころに芽を出し，夏には弱い光を利用して光合成を行い，冬は地上部が枯れる陰生植物（夏緑多年草）でウバユリ・エンレイソウなどがある。

c．越冬型

秋に林床が明るくなると葉が展開し，冬も光合成を行い，林床が暗くなる初夏には地上部が枯れてしまう陽生植物（越冬多年草）でノビル・ヒガンバナなどがある。

d．常緑型

年間を通して葉をつけ光合成を行う。新葉は春に展開し，耐陰性が強い陰生植物（常緑多年草）でシュンラン・ヤブラン・オモト・カンアオイなどがある。

2．4　植物群落の遷移

ある地域の植物群落の構成種が時間の経過とともに変化して，他の群落に置き換わる現象を遷移（サクセション）と呼ぶ。地質学的な長い年代の経過に伴う種の絶滅と新しい種の進化を含む種の交代による遷移を地史的遷移（地質学的遷移）といい，これに対して火山から噴出して冷却凝固した溶岩流の上や洪水・崖崩れ・地滑り・山火事・森林伐採などによってできた裸地に植物が侵入し，植物群落が生じて種間競争の結果群落が変化していくような日常我々の身近で見られる遷移を生態遷移という。一般に，遷移というと生態遷移を指し，地史的遷移は古生物学で扱われる。遷移には，植物が全く生育していない裸地から始まる一次遷移と，自然又は人為的な影響で今まで生育していた植物が除かれたあとに始まる二次遷移とがある。

（1）　一次遷移

一次遷移は火山爆発によって溶岩が流出してできた溶岩流や火山礫（スコリア），火山灰が堆積した場所，火山活動又は地殻変動で隆起してできた新しい島，土砂が堆積して干上がり始めた湖沼などに見られる。植物の繁殖のもとになる胞子・種子・根などを含ま

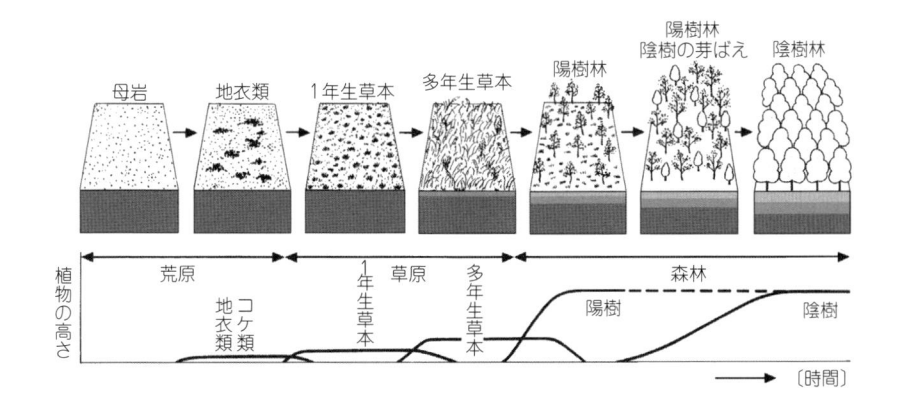

図2−52　一次遷移（乾性遷移）のようす

い基質から始まる遷移である。基質がどのようなものから始まるかによって，遷移の進む経路（遷移系列）が異なる（図2-52）。

a．乾性遷移

火山が流出した溶岩や火山灰層に成立する遷移で，最初は，雨が降っても水を蓄える力がなく乾燥してしまう。やがて溶岩の割れ目や砂礫の堆積した凹地などやや湿りけのある所に地衣類やコケ類が侵入して始まり，時間とともに草原から森林に変わっていく。

乾性遷移は一般的に図2-52に示すような経過をとるが，遷移の様式は決して一定したものではなくそのときどきによって違いがある。一般的には次のような過程をとる。

地衣類・コケ類 → 1年生草本 → 越年生草本 → 多年生草本 → 低木林 → 陽樹林→ 混合林 → 陰樹林（極相）

日本では伊豆大島の三原山や鹿児島県の桜島などにある溶岩流や火山砂礫地で見られる。図2-53に示すように，伊豆大島の三原山では火口付近はわずかに地衣類やコケ類が生えているにすぎない。東側の斜面は溶岩が風化してできた火山性の砂漠が広がっていて，維管束植物が侵入している。最初に侵入してくる植物は多年草のハチジョウイタドリとシマタヌキランで，砂質土壌のため雨や風で移動し不安定であるが，うまく定着した植物は地下部が発達するので所々に点在している。ハチジョウイタドリが定着すると砂の移動が止められる。土壌が安定してくるとハチジョウススキやシマノガリヤスが侵入し，植物が地面を覆う面積も増え，植物の枯死体も土壌表面に堆積するので，土壌中の養分も増加し，草本類の移動や地表を覆う面積が増え草原となって土壌を安定させる。次にオオバヤシャブシやハコネウツギなど陽樹の低木が侵入し低木林が形成され群落高も高くなる。これらの木本が生育するとさらに土壌は有機物や養分が急速に増え，落葉性のアカメガシ

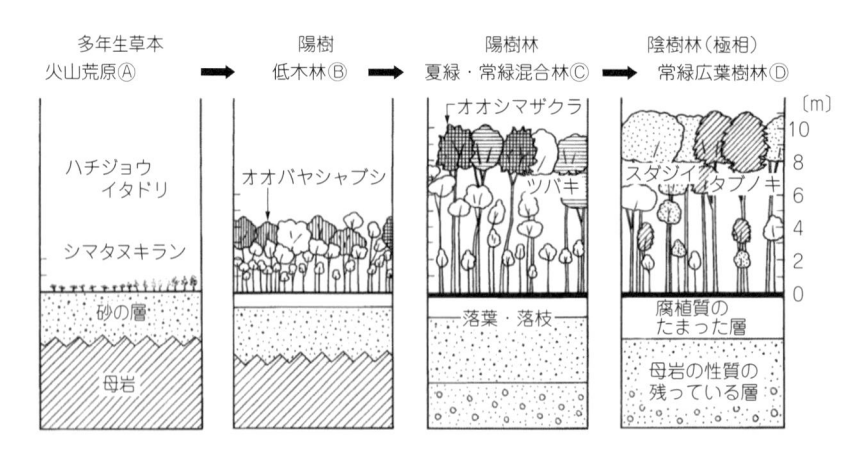

図2-53　伊豆大島での遷移と土壌の発達

ワ・エゴノキ・オオシマザクラなど高木の陽樹が侵入し，低木林に替わって陽樹林（夏緑広葉樹林）が形成され，群落高もさらに高くなる。林内の下層は次第に暗くなるので，陽樹の幼木は生育できなくなる。それに替わって光が少なくても成長できる（耐陰性）常緑樹のスダジイ・タブノキ・シロダモなどの陰樹の幼木が成長を始める。やがて陰樹は陽樹に競り替わって安定した陰樹林（常緑広葉樹林）ができあがる。安定してこれ以上遷移が進行しない群落の状態を極相（クライマックス）といい，その群落を**極相群落**（極相林）という。伊豆大島の遷移で特徴的なことは，1年生草本の時期を欠いていることである。溶岩や砂礫地（されきち）は乾燥が激しいことや砂礫が移動するため種子が枯死したり，発芽してもうまく根が張れず定着できないことが原因と考えられている。

極相になる森林や草原は，その地域の気候や土地的条件によって異なり，常緑広葉樹林・落葉広葉樹林・針葉樹林などさまざまなものが見られる。

b．湿性遷移

湿性遷移は湖沼に河川又は周囲から土砂が流入堆積し，さらに植物の枯死体の堆積により湖底が浅くなり，湖岸から植物が侵入し陸化していく遷移である（図2−54）。遷移の進行の前半は湖沼が堆積によって浅くなることが主な要因となるが，後半は陸地化して陸地になると乾性遷移となり光が遷移の主要因となる。湿性遷移は一般的に次のような過程をとる。

植物プランクトン → 沈水植物 → 浮水植物 → 浮葉植物 → 挺水植物 → 湿生植物→ 中生植物 → 低木林 → 陽樹林 → 混合林 → 陰樹林（極相）

新しく形成された湖沼は一般的に水深が深く，養分が少ないので貧栄養湖と呼ばれる。その後周囲から土砂や有機物が流入し，植物プランクトンが繁殖する。湖底が浅くなって水底に光が届くようになるとエビモ・タヌキモ・ヤナギモなどの沈水植物が生育するようになる。やがてアオウキクサやウキクサなどの浮水植物やヒシ・ヒツジグサ・コウホネ・ヒルムシロなどの浮葉植物が侵入し繁茂すると，光を遮られ沈水植物は枯死する。植物の枯死体が水底に堆積して腐植土を形成し，富栄養湖になる。堆積土や腐植土が積もり湖底が浅くなり，周辺部よりヨシ・ヒメガマ・ガマ・フトイ・カサスゲなどの挺水植物が侵入する。ヨシは大型で密生するため枯死体の堆積も早いので，周辺部より陸化して草原化し，水域は中心部だけになる。陸化につれてヨシのない湿性地にミソハギ，モウセンゴケ，ミズゴケなど湿生植物が生育し，周辺部から湿原化し，さらには低木のヤナギや高木のハンノキなどの陽樹が侵入し陽樹林となる。さらに陸化，乾燥化すると湿生植物から中生植物に替わり陽樹林が形成され，乾性遷移と同様の変化が見られ陰樹林になって極相に

達する。尾瀬ヶ原の湿原も管理しなければやがて陸化して森林が形成される。

① 水面

② 水面／植物プランクトン／堆積物（土壌・有機物）

③ エビモ　タヌキモ　（沈水植物）

④ ウキクサ（浮水植物）　ヒシ（浮葉植物）　ヒツジグサ

⑤ ヨシ　ガマ　フトイ　マコモ（挺水植物）　ミソハギ　モウセンゴケ　ミズゴケ（湿生植物）

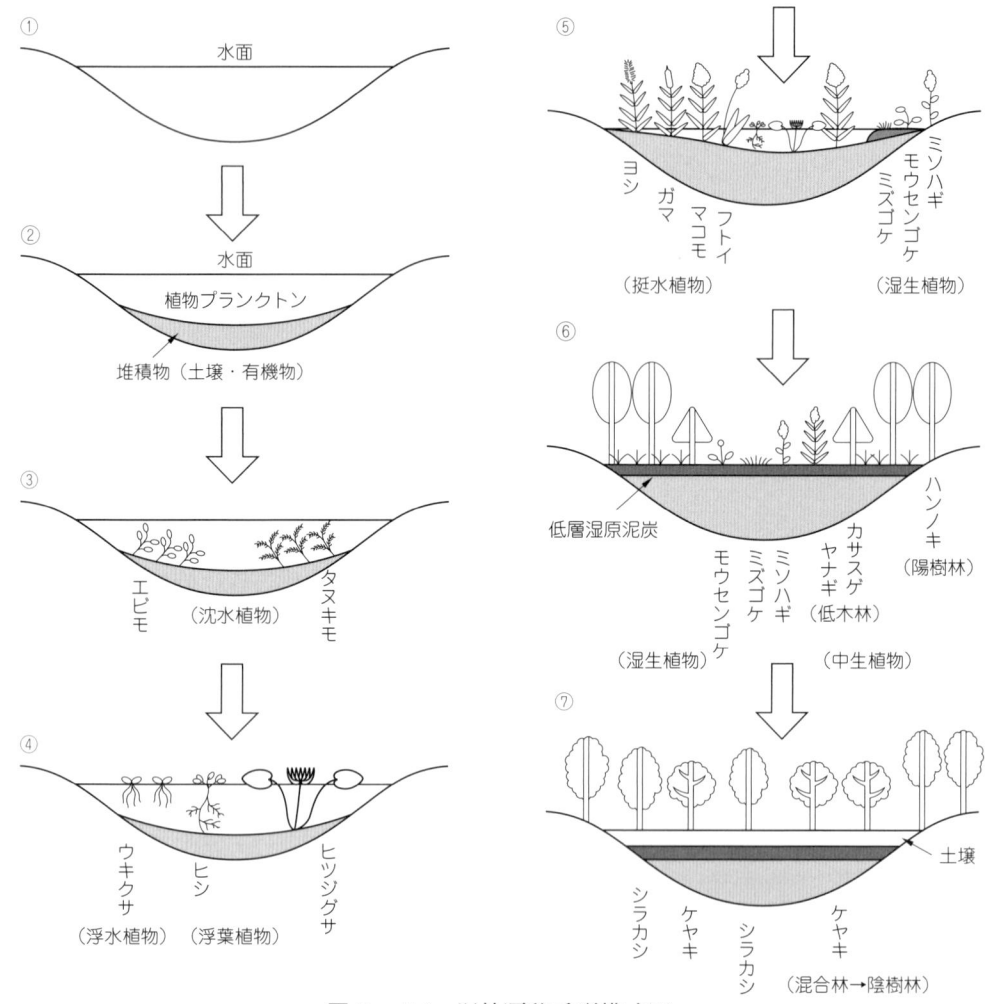

⑥ 低層湿原泥炭　ミソハギ　モウセンゴケ　ミズゴケ（湿生植物）　カサスゲ　ヤナギ（低木林）　（中生植物）　ハンノキ（陽樹林）

⑦ シラカシ　ケヤキ　シラカシ　ケヤキ　土壌　（混合林→陰樹林）

図2-54　湿性遷移系列模式図

（2）二次遷移

以前あった植生が山火事・風水害・焼畑・森林伐採・田畑の休耕・建築のための裸地化などによって破壊されたあとで始まる遷移を二次遷移という。土壌（基質）が発達しているため，胞子・種子・根系などが残っていて一次遷移とは異なった遷移となる。

a．田畑の休耕地からの遷移

休耕地の土壌は窒素分が多く，植物の成長は早い。また，埋土種子が土壌中に含まれていたり，周辺部から供給されるので，遷移の早さは一次遷移に比べて早く，一般的に表2-13のとおりである。休耕畑では乾性遷移が進行するが，遷移の初期に侵入する夏型1年草（1年生草本）のエノコログサ・メヒシバなど，ついで冬型1年草（越年生草本）の

オオアレチノギク・ヒメムカシヨモギなど外来種（帰化植物）の大型の植物が優占し，本来の畑地雑草は競争に負けてしまう。また，多年生草本期にはチガヤやススキ，ヨモギが優占してくるが，場所によっては外来種であるセイタカアワダチソウがほぼ純群落に近い状態で見られることもある。休耕田は水田に水が供給されていれば湿性遷移を示し，乾田になると乾性遷移をたどる。

表2-13　休耕地からの遷移

遷移	裸地	夏型一年草	冬型一年草	多年生草本	陽樹林	陰樹林（極相林）
主な植物	なし（ただし，土壌中には多くの埋土種子や地下茎を含む。）	エノコログサ メヒシバ スベリヒユ エノキグサ トキワハゼ	オオアレチノギク ヒメムカシヨモギ ハルジョオン	チガヤ ススキ ヨモギ セイタカアワダチソウ	アカマツ コナラ ヌルデ アカメガシワ エゴノキ	スダジイ シラカシ アラカシ
生育する植物の特徴	—	成長が早く，短期間に多くの種子を形成する。	ロゼット葉で越冬し，春に地上茎を伸ばす。	ロゼットで越冬，又は地上部は枯れるが，春に急速に成長する。	初期の木本 低木と高木	後期の木本，高木

b．森林伐採跡地の遷移

伐採跡地は切株が残っているため一次遷移と異なった遷移を示す。西南日本の常緑広葉樹林では，1年生草本のベニバナボロギクなどの草本群落から始まって数年かけ徐々にススキ群落に移行する。それに伴い切株から萌芽したスダジイやタブノキが成長し，低木林が形成される。常緑広葉樹林帯ではアカメガシワ・カラスザンショウ，落葉広葉樹林ではコナラ類・イヌシデ類・ヤマザクラなどの陽樹が混生するが，切株からの成長が早いので陽樹林を欠き混生林から陰樹林に遷移する。

c．退行遷移

退行遷移は外部からの力が働き，時間とともに単純になる逆方向の遷移をいう。

これには火口周辺に生育する草本や低木が噴火とそれに伴う火災で枯死し，裸地化したり，放牧地にウシやウマなどを適数以上放牧して，過放牧になると，過度に植物が食い荒されたり踏みつけが激しくなり，ススキ草原からササ→シバ→オオバコなどの草丈の低い群落になり，ひどいと裸地にしてしまう。また，舗装していない農道や芝生，空き地などで車や人の踏みつけの激しいところでは他の植物は消滅して，頂端分裂組織の位置が低く踏圧に耐えられるオオバコなどわずかな種が生き残り踏跡群落が形成される。

2.5 植物群落の分布

　植物の分布は生育地の環境条件の影響を受けているが，現在の環境条件だけではなく地史的な長い時間を経て形成されてきたものであるから，地史的な影響を考慮する必要がある。植物の分布は**地理的分布**と**生態分布**に区分される。生態分布は，現在の環境条件によって支配される植物群落（群系）全体の分布で，地理的分布は過去から現在までの地史的要因（大陸移動・気候変動）を反映した個々の種類の分布である。ここでは生態分布について述べる。

　一般に植物群落の発達は環境条件と密接な関係を持ち，よく似た環境条件の地域には互いによく似た植物群落が形成される。植物群落の発達に関係する環境要因として特に大きな影響を与えるものは降水量と気温である。植物群落は相観によって森林・草原・荒原に大別される。降水量と気温が一定以上の地域では森林が成立し，降水量が少なくなると草原になり，さらに降水量や気温が低下すると荒原になる。図2-55は年平均気温・年降水量と成立する群系との関係を示したもので，森林も降水量や気温の差によっていくつかの群系として成立していることがわかる。また，その地域の相観からおよその気候が推定できる。

　生態分布には水平分布と垂直分布の2つの側面がある。

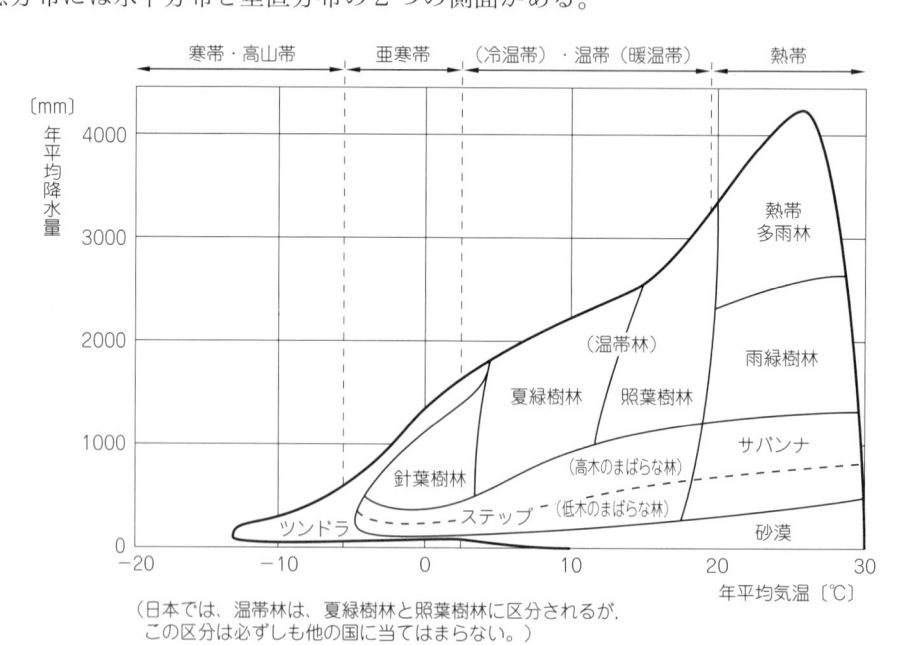

（日本では，温帯林は，夏緑樹林と照葉樹林に区分されるが，この区分は必ずしも他の国に当てはまらない。）

図2-55　陸上植物の群系と気候の関係

a．水平分布

地球上の水平方向の広がりとして見た植物分布をいう。図2-56に示すように気温はほぼ緯度と平行して低緯度から高緯度に向かって下がる変化をするので，群系の分布は緯度と平行した等温線と一致する例が多い。また，海岸から内陸への群系の分布は内陸のほうが降水量が少ないので，海岸線に平行し，降水量の分布線と一致しやすい。

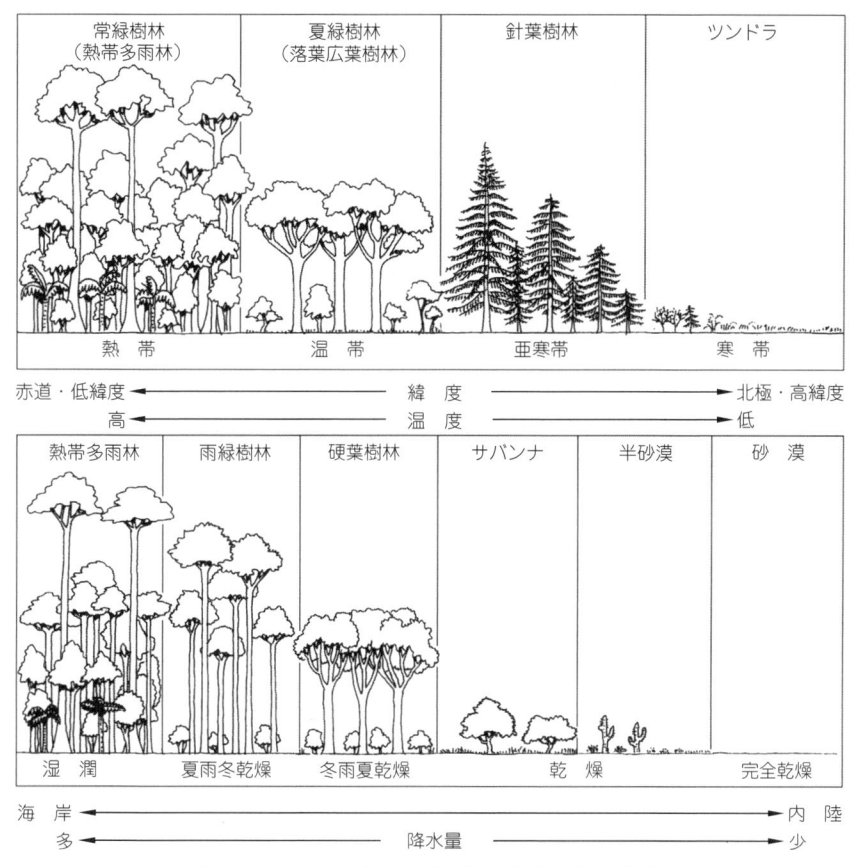

図2-56　温度，降水量と群系の水平分布

b．垂直分布

地理的に同一地域で海抜高度から見た植物の分布をいう。海抜高度が上昇すると気温が100mで0.61℃下がるので，山麓から山頂までの間で群系が変化するが，水平分布と類似する。垂直分布の境界線は等温線にほぼ沿って見られ，低地帯・山地帯・亜高山帯・高山帯に区分され，その区分の上限は一般的に気温により，下限は種間競争によって決められるとされる。

(1) 世界の群系

世界の植生を森林・草原・荒原に分け，さらに群系によって区分する。世界の群系を表

2-14に，分布図を図2-57に示す。

表2-14 世界の植物群落の群系

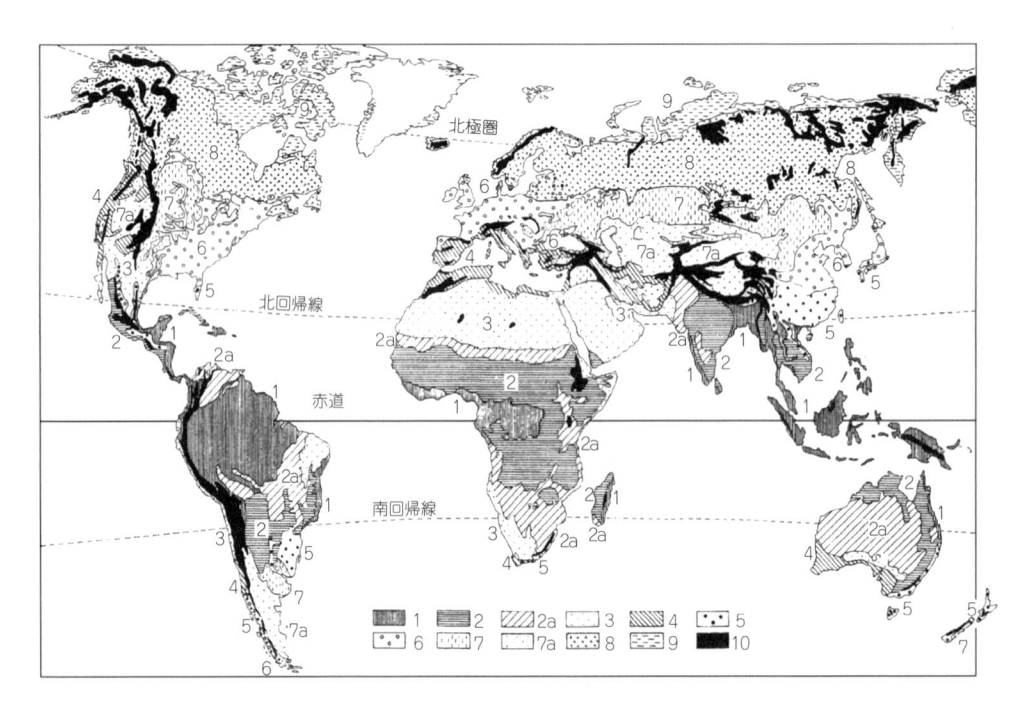

群落	群系	分布地域	優占種の生活形
森林	熱帯多雨林	高温多雨の熱帯	常緑広葉の高木，つる植物，着生植物
	亜熱帯多雨林	多雨の亜熱帯	常緑広葉の高木，つる植物，着生植物はやや少ない
	雨緑樹林	乾季のある熱帯や亜熱帯	乾季に落葉する広葉の高木
	硬葉樹林	夏に乾燥する温帯	常緑硬葉の高木や低木
	照葉樹林	多雨の温帯南部	常緑広葉（照葉）の高木
	夏緑樹林	多雨の温帯北部	冬期に落葉する広葉の高木
	針葉樹林	亜寒帯	常緑針葉や落葉針葉の高木
草原	サバンナ	乾燥する熱帯や亜熱帯	草本とまばらな高木や低木
	ステップ	乾燥する温帯	イネ科型草本
荒原	砂漠	乾燥の激しい熱帯や温帯	植物がないか，まばらな多肉植物や低木，1年生草本低木，亜低木，葉状植物
	ツンドラ	寒帯	

1：熱帯多雨林，2：熱帯，亜熱帯の夏緑樹林，2a：熱帯，亜熱帯のサバンナ，低木林など，3：熱帯，亜熱帯の砂漠・半砂漠，4：冬雨地帯の常緑硬葉樹林，5：暖温帯常緑広葉樹林，6：冷温帯の夏緑広葉樹林，7：温帯草原（ステップ，プレーリー，パンパ），7a：寒冷な冬を持つ砂漠・半砂漠（チベットを含む），8：北半球の北方針葉樹林（タイガ），9：ツンドラ，10：アルプスなどの高山植生

図2-57 世界の群系の分布（Walter，1968）

a．森林

（a）熱帯多雨林（熱帯降雨林，図2-58）

年間平均気温25℃前後，年間降水量2000mm以上，暖かさの指数240以上で1年中高温多湿な熱帯地方に発達する常緑広葉樹林を指す。赤道を中心に南緯及び北緯ほぼ10°以

内のアフリカ（コンゴ），東南アジア（ニューギニア・ボルネオ・スマトラ），オーストラリア，中米，南米（アマゾン）などに見られる。階層構造はよく発達し，高さ30～50mの5～6層の木本層からなり，70mに達する巨木が樹冠から突出していることもある。構成種は特定の優占種はないが，種類数は極めて多く，1ha当たり60～150種以上にも達し，着生植物やツル性植物が多い。一般にマメ科・クワ科・ヤシ科などの樹種が多く，東南アジアではフタバガキ科やフトモモ科などの樹種が目立つ。また，形態的には気根，板根，幹生花を持つ樹種も目立つ。

河口や湾岸の泥湿地の潮間帯（汽水域）には，マングローブ林が発達する。

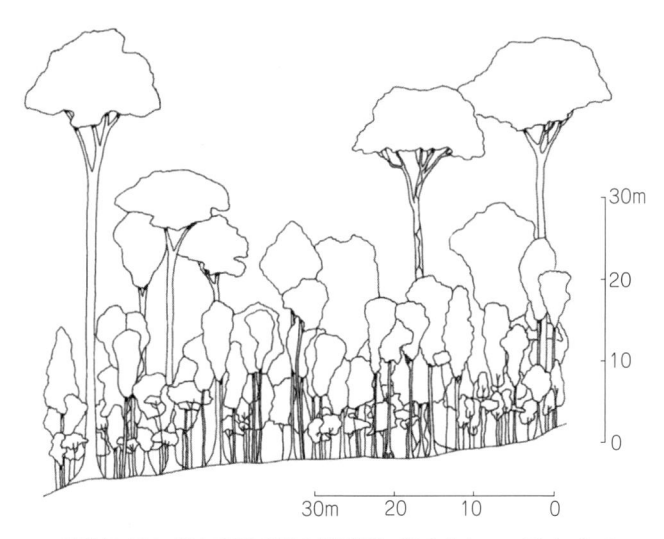

熱帯多雨林における植物群落の階層構造（P.S.Ashton：*Biological Journal of the Linnean Society*,1(1969), 155より）

図2－58　熱帯多雨林

（b）　亜熱帯多雨林

亜熱帯で年平均降水量1300mm以上で暖かさの指数180～240の常緑広葉樹林をいう。巨大な高木層がない。

熱帯多雨林より木性ツル植物と着生植物が少なく，構成種も少ない。主な植物は，アコウ・ビロウ・アダン・木生シダのヘゴなどが見られる。河口や湾岸にマングローブ林が見られる。メキシコ北部・フロリダ南部・中国東南部・台湾・沖縄などに分布する。

（c）　雨緑樹林（雨緑林）

熱帯・亜熱帯で年間平均降水量は1000～2500mmで，雨期と2～4か月の乾季が交代する二季性の地域の群系で雨期に葉をつけ，乾季に落葉する落葉広葉樹林をいう。雨期に緑葉をつけるので雨緑樹林である。熱帯多雨林と比べ高木層は25～30mで低く，構成種

は少ないが，明らかな優占種が見られる。主な落葉広葉樹は東南アジアではチーク，オーストラリアではユーカリで，イネ科植物やツル性植物が多い。インド・インドシナ半島の南東部・熱帯アフリカの東部・オーストラリア東部・南アメリカ北東部などに分布する。

　（d）　常緑広葉樹林

　照葉樹林と硬葉樹林に大別される。照葉樹林は暖温帯で，年間降水量1700～2000mm，年間平均気温15～18℃，暖かさの指数85～180で，常緑広葉樹（シイ・カシ類）で落葉樹や針葉樹が混じることもある。葉は厚く革質で表面にクチクラ層が発達し，光沢があるので照葉の名がついた。冬芽が形成されるが，熱帯多雨林の常緑広葉樹と異なる。中国南東部・台湾・フロリダとブラジル南部・ニュージーランド北部・日本（南西諸島の山地・九州・四国・本州の関東以西）などに分布する。

　硬葉樹林は暖温帯で地中海性気候の地域で年間降水量1000mm以下と少なく，それが主に冬に降る。そのため夏は高温で乾燥し，それに適応した小型でかたい葉（硬葉）を持ち，樹皮にコルク組織が発達する木（ヒイラギガシ・コルクガシ）が，比較的樹高の低い森林を形成する。地中海沿岸・南アフリカのケープ・オーストラリアなどに分布する。

　（e）　夏緑樹林（落葉広葉樹林）

　温帯で，年間降水量1000～2000mm，年平均気温10℃，暖かさの指数45～85で，落葉広葉樹（ブナ・ミズナラ・カエデ）が優占する樹林をいう。アジア・アメリカ・ヨーロッパの温帯・日本（本州の東部・北海道南西部），南半球ではニュージーランド・南アメリカのチリ南部などに分布する。夏季に緑葉をつけるので夏緑という。

　（f）　亜寒帯針葉樹林

　亜寒帯で，年間降水量500～1500mm，月平均気温は最寒月で－3℃以下，最暖月で10℃，暖かさの指数15～45で，比較的湿潤な地域には常緑針葉樹（エゾマツ・シラビソ）が，雨量の少ない地域には落葉針葉樹（ダフリアカラマツ・カラマツ）が優占する森林をいう。アジア・北米・ヨーロッパの亜寒帯・日本（北海道の東北部，本州中部の亜高山帯）などに分布する。

　b．草　原

　（a）　サバンナ

　熱帯で年間降水量100～1400mmで，1年のうち5～7か月の乾燥期がある草原をいう。

　イネ科植物が優占し，少数の木本が混生する点がステップと異なる。アフリカ中南部・オーストラリアの内陸部・ブラジル南部などに分布する。

（b） ステップ

温帯で，年間降水量が500mm 以下の乾燥地に見られる草原で，イネ科植物が優占する。

ステップは，本来は中央アジアから西アジアにかけて見られるイネ科草原につけられた名で，北アメリカ中西部に広がるものをプレーリーといい，アルゼンチン南西部のそれをパンパと呼ぶ。北米・南米・南アフリカ・中央アジアなどに分布する。

c．荒　原

極端な低温や乾燥などの厳しい気候条件で高木の生育が見られない地域を荒原という。

（a） ツンドラ

寒帯で年間降水量300mm 以下で，南限は最暖月の平均気温10℃（北限は０℃）の等温線とほぼ一致する。草本（スゲ属・スズメノヤリ属），矮性低木（チョウノスケソウ・キョクチヤナギ），地衣類，コケ類などの群落や樹高１ｍ以下の低木林（ヤナギ・マメカンバ）などが見られる。シベリア，北米の高緯度，南・北極の周辺及び森林限界以上の高山帯に分布する。

（b） 砂　漠

年間降水量が200mm 以下で，降り方も不規則な乾燥した地域をいう。植物がまばらに生育するか，全く見られない。しかし，全く植物の生育しない砂漠は少なく，地域によって植物は異なりサボテン科・マツバギク・パイナップル科などが見られる。

（２） 日本の生態分布

日本は降水量が多いので，基本的には森林群落が形成される気候にある。したがって，植物群落の分布を決める主な要因は気温である。

a．水平分布

日本は南北に長いので温度条件が異なり，南から北に向かって森林は図２－59に示すように，亜熱帯多雨林・照葉樹林（常緑広葉樹林）・夏緑樹林（落葉広葉樹林）・亜寒帯針葉樹林の４つの森林帯がある。高山には針葉低木林がある。

草原は山地に見られるススキ群落やシバ群落・ササ群落があり，これらは人為的な影響で維持されており，放置すれば森林に移行する。また，高山帯にはハイマツの間に高山草原が見られる。水湿地にはヨシ群落の草原やミズゴケ群落が見られる。海岸や河川の氾濫原には荒原が見られる。

b．垂直分布

日本の垂直分布は図２－60に示すように，本州の中部では低地帯（照葉樹林　海抜０〜500m），山地帯（夏緑樹林　海抜500〜1500m），亜高山帯（針葉樹林　海抜1500〜2500

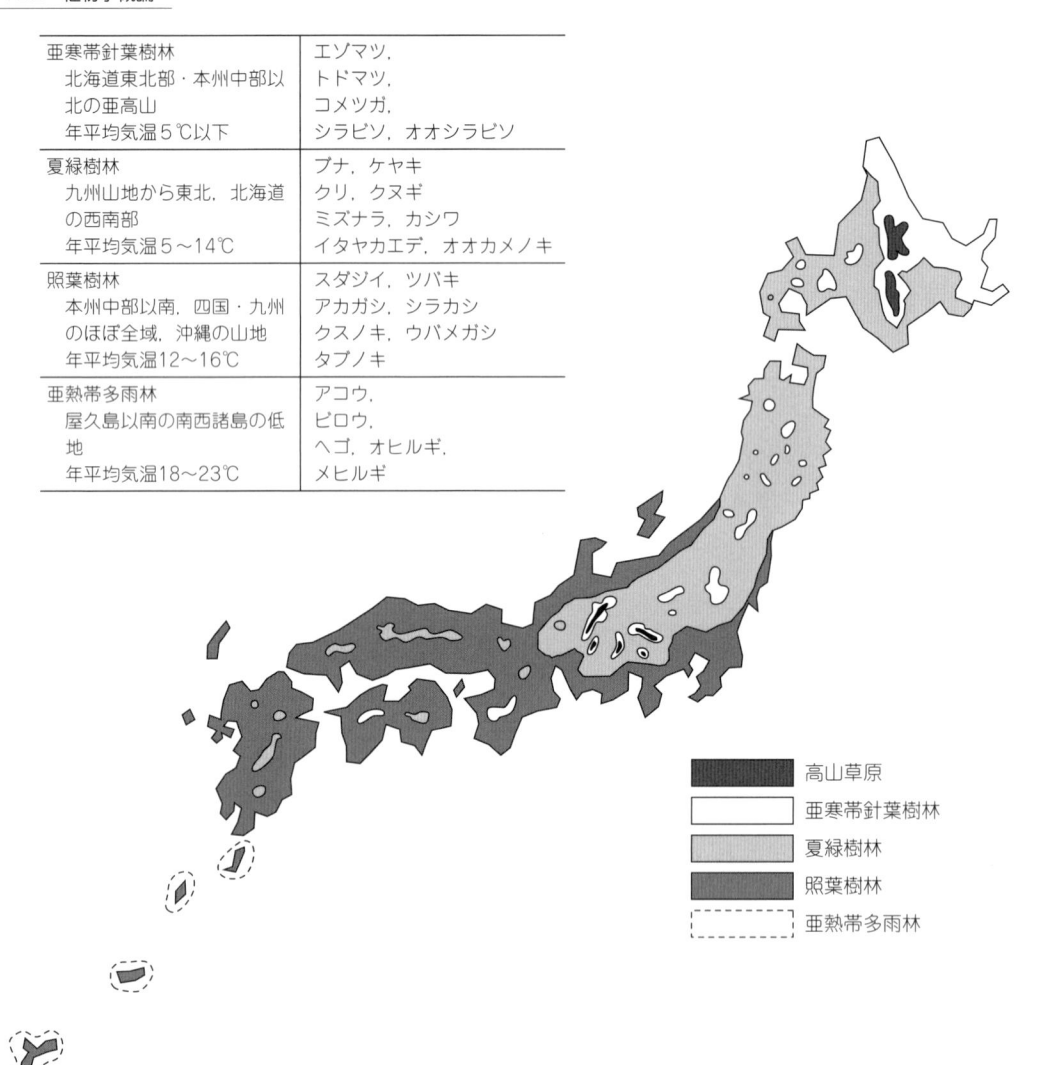

亜寒帯針葉樹林	エゾマツ,
北海道東北部・本州中部以北の亜高山 年平均気温5℃以下	トドマツ, コメツガ, シラビソ, オオシラビソ
夏緑樹林 九州山地から東北, 北海道の西南部 年平均気温5〜14℃	ブナ, ケヤキ クリ, クヌギ ミズナラ, カシワ イタヤカエデ, オオカメノキ
照葉樹林 本州中部以南, 四国・九州のほぼ全域, 沖縄の山地 年平均気温12〜16℃	スダジイ, ツバキ アカガシ, シラカシ クスノキ, ウバメガシ タブノキ
亜熱帯多雨林 屋久島以南の南西諸島の低地 年平均気温18〜23℃	アコウ, ビロウ, ヘゴ, オヒルギ, メヒルギ

凡例：高山草原／亜寒帯針葉樹林／夏緑樹林／照葉樹林／亜熱帯多雨林

図2-59　日本の植生の水平分布と主な植物

m），高山帯（針葉低木林, 高山草原　海抜2500m以上）に区分される。亜高山帯の上部は主に寒さによって森林が発達しなくなり，その境界を森林限界という。日本の亜高山ではシラビソやオオシラビソの上部に低木化したダケカンバやミヤマハンノキが生育するが，これらの見られなくなる境界を高木限界という。また，垂直分布は高緯度にいくほど気温が低下するので植物の分布限界が下がる。そのため高山帯は図2-61に示すように，本州中部では海抜2500m以上であるが，東北地方では1800m以上，北海道では1500m以上となっている。

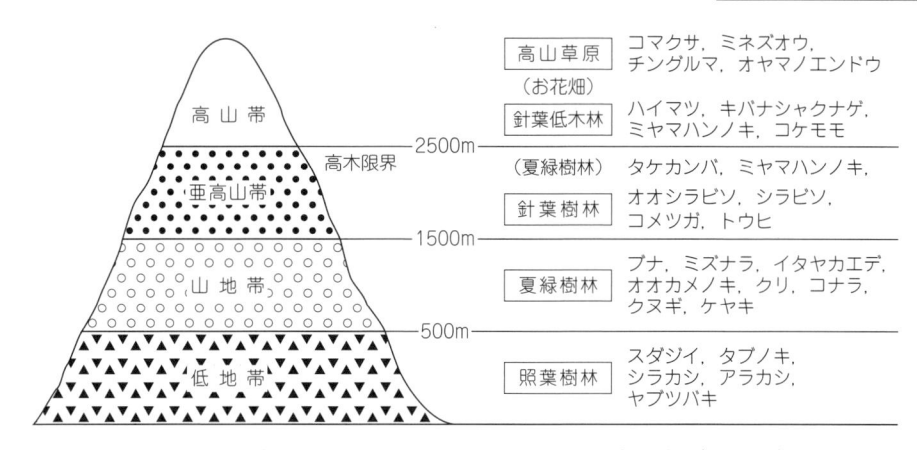

図2-60 本州中部地方に見られる植生の垂直分布（模式図）

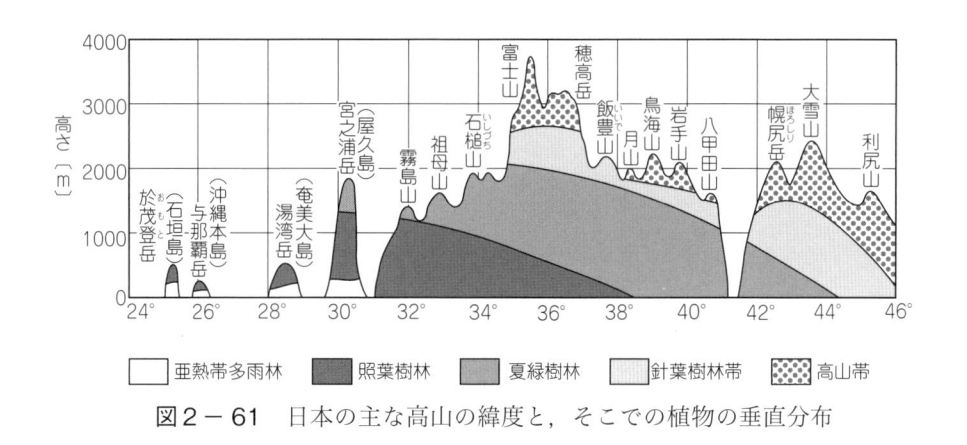

高山草原（お花畑）	コマクサ，ミネズオウ，チングルマ，オヤマノエンドウ
針葉低木林	ハイマツ，キバナシャクナゲ，ミヤマハンノキ，コケモモ
（夏緑樹林）	ダケカンバ，ミヤマハンノキ，
針葉樹林	オオシラビソ，シラビソ，コメツガ，トウヒ
夏緑樹林	ブナ，ミズナラ，イタヤカエデ，オオカメノキ，クリ，コナラ，クヌギ，ケヤキ
照葉樹林	スダジイ，タブノキ，シラカシ，アラカシ，ヤブツバキ

高山帯 / 亜高山帯 / 山地帯 / 低地帯
高木限界 2500m / 1500m / 500m

図2-61 日本の主な高山の緯度と，そこでの植物の垂直分布

□亜熱帯多雨林 ■照葉樹林 ▨夏緑樹林 ▨針葉樹林帯 ▨高山帯

2.6 生態系

　生物は，それらを取り巻く環境と密接な関係を持って生活している。このような自然を理解するため，タンズリーは1935年に生物集団とそれをとりまく環境を一体となった系（システム）であるとして，生態系（エコシステム）という概念を提唱し，今日広く日常用語として使われるようになってきた。ここでは生態系とはどのようなものであるかを述べる。

(1) 生態系とは

　生態系とは，ある地域に住むすべての生物（生物群集）とそれを取りまく非生物的環境をひとまとめにして，1つの機能的なシステム（系）としてとらえたものである。生態系の研究には，生態系を構成するいろいろな個体群の研究や個体群間の関係を明らかにして，それをまとめて生態系を解明する組み立て法と，前記の方法は困難なので個体群は問

題にせず，生態系の中で物質やエネルギーがどれだけ出入りするかを調べ，生態系の機能体系を知ろうという大づかみ法がある。現在の研究は主として後者の方法がとられている。生態系の対象は，陸上生態系・森林生態系・草原生態系・湖沼生態系・水たまりの生態系など，さまざまな広がりでとらえることができる。

（2）生態系の構造

生態系の構造は，生物の生活空間の媒質と栄養段階や食物を通して流れるエネルギーから見ると表2-15のように，**生産者・消費者・分解者**などの生物的要素と非生物的要素で構成されている。

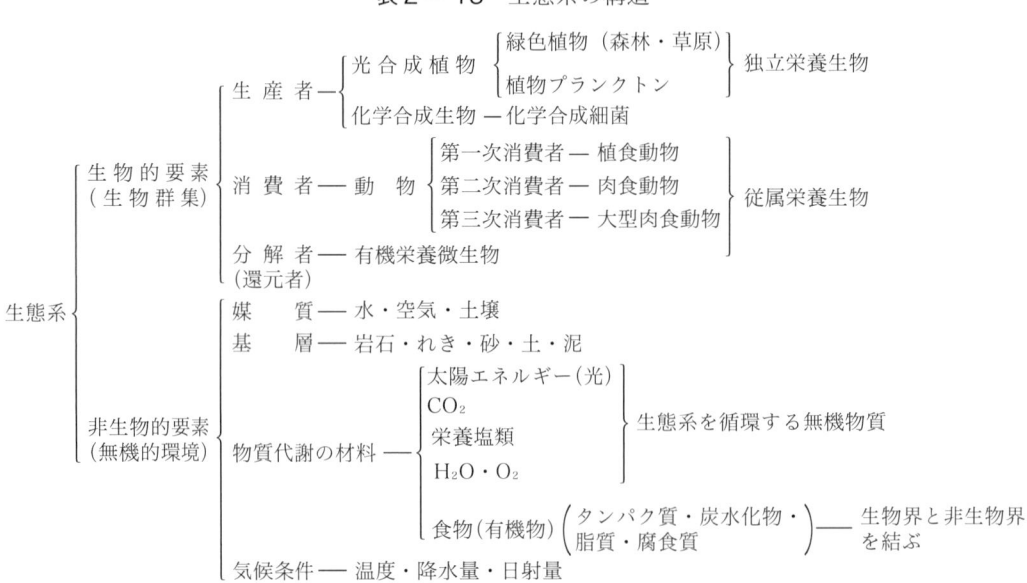

表2-15 生態系の構造

```
             ┌ 生物的要素 ┌ 生産者 ┬ 光合成植物 ┬ 緑色植物（森林・草原） ┐独立栄養生物
             │ （生物群集） │       │           └ 植物プランクトン       │
             │           │       └ 化学合成生物 ─ 化学合成細菌          ┘
             │           │ 消費者 ─ 動 物 ┬ 第一次消費者 ─ 植食動物   ┐
             │           │                │ 第二次消費者 ─ 肉食動物   ├従属栄養生物
             │           │                └ 第三次消費者 ─ 大型肉食動物┘
             │           └ 分解者 ─ 有機栄養微生物
生態系 ┤              （還元者）
             │
             │ 非生物的要素 ┬ 媒 質 ─ 水・空気・土壌
             │ （無機的環境） │ 基 層 ─ 岩石・れき・砂・土・泥
             │              │ 物質代謝の材料 ┬ 太陽エネルギー（光） ┐
             │              │               │ CO₂                  ├生態系を循環する無機物質
             │              │               │ 栄養塩類              │
             │              │               │ H₂O・O₂              ┘
             │              │               └ 食物（有機物）（タンパク質・炭水化物・脂質・腐食質）── 生物界と非生物界を結ぶ
             └              └ 気候条件 ─ 温度・降水量・日射量
```

a．生物的要素

（a）生産者（一次生産者）

生物要素のうち無機物から有機物を合成する生物を生産者といい，緑色植物・光合成細菌・化学合成細菌が含まれる。緑色植物は光合成によって無機物である二酸化炭素と水から有機物である炭水化物を合成し，さらに根から吸収した無機塩類を加えてタンパク質や脂肪を再合成する。他の生物が必要とする有機物を最初につくりあげるので一次生産者といい，独立栄養生物とも呼ばれる。

（b）消費者（二次生産者）

消費者は自分で無機物から有機物を合成できないため他の生物体を摂食又は捕食して栄養源として生活している生物で，主に動物がこれに相当する。

植物を摂食する植食動物を一次消費者，一次消費者を捕食する肉食動物を二次消費者，それを捕食する肉食動物を三次消費者といい，これらは従属栄養生物と呼ばれる。

（c）分解者（小型消費者・還元者）

消費者に食べられずにすんだ生産者や消費者もやがて死が訪れ生物遺体となる。また，食べられた生物体もかなりの量が消化されず糞（排泄物，未消化残渣）として排泄される。これらの有機物は土壌中にいる細菌類や菌類などの微生物の餌となり，有機物から再び無機物に分解（還元）される。これらの微生物を分解者という。

b．非生物的要素

（a）媒質と基層

生物の生息空間を満たしている媒質は，大気・水・土壌の3つに区分され，基層は岩石・れき・土などに区分される。

（b）生態系を循環する無機物

生態系内の大気中・水中・土壌，生物体を炭素・窒素・リン・カリウム・二酸化炭素・水などが循環している。

（c）生物界と非生物界を結ぶ有機物

生物や非生物関連の有機物である炭水化物・タンパク質・脂肪・腐食質などは分解者のエネルギー源や物質源となり，分解されて無機物になり非生物界に還元される。

（d）環境条件

気温・降水量・日射量などの気候条件と，土壌条件など生物が物質生産を行うための条件となる。

（3）食物連鎖と食物網

生態系を構成している植物や動物・微生物は食物やエネルギーをめぐって相互に食う－食われるの関係によって鎖状につながっているので，これを食物連鎖という。生産者が生産した有機物は，食物連鎖を通じて移動して消費者や分解者へと移行していく。図2－62に示すように，生産者（緑色植物）→　第一次消費者（植食動物）→　第二次消費者

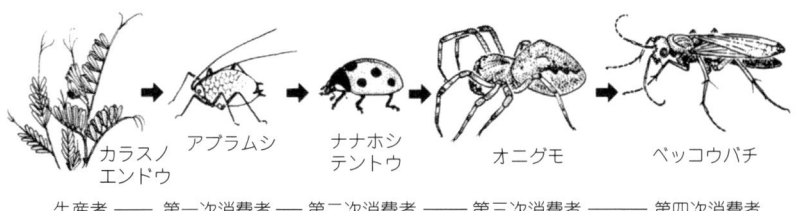

カラスノエンドウ → アブラムシ → ナナホシテントウ → オニグモ → ベッコウバチ

生産者 ── 第一次消費者 ── 第二次消費者 ── 第三次消費者 ── 第四次消費者
（緑色植物）　（植食動物）　（一次肉食動物）　（二次肉食動物）　（三次肉食動物）

図2－62　食物連鎖

（一次肉食動物）→ 第三次消費者（二次肉食動物）へと物質は運ばれていく。摂食食物連鎖と生物遺体から出発して微生物に至る分解食物連鎖などがある。また食物連鎖は図2－63に示すように，単なる1本の鎖でなく，多くの動物は1種類を食うだけではなく雑食性又は多食性なので，食物連鎖は複雑な網目状の構造となるため，これを食物網という。

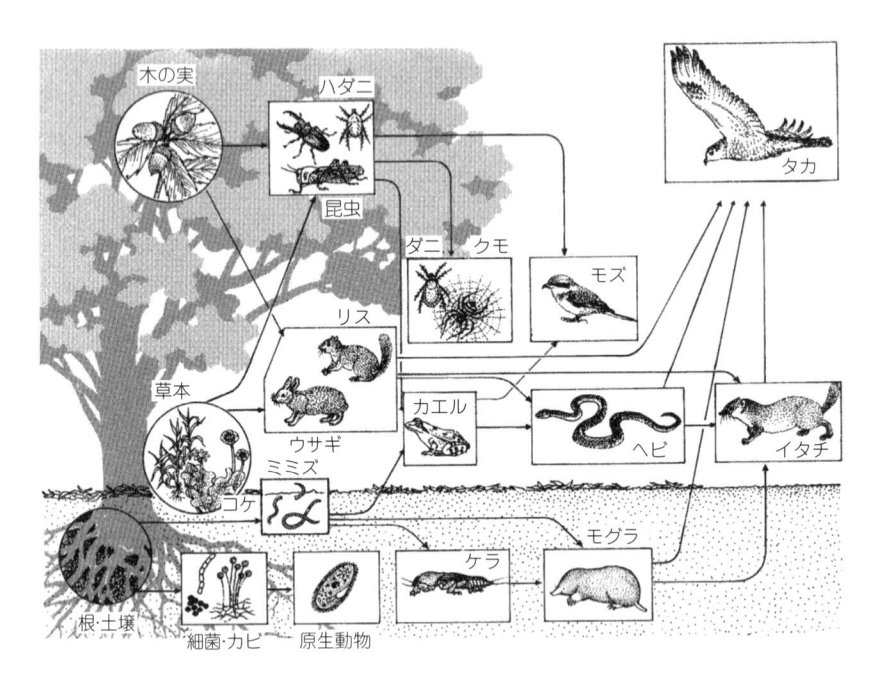

図2－63　食　物　網

（4）栄養段階

食物連鎖を構成している生産者や一次消費者などの1つひとつを栄養段階といい，生産者を第一次栄養段階，一次消費者を第二次栄養段階，二次消費者を第三次栄養段階という。

しかし，生産者や食性がはっきりしている植食動物以外の生物は，雑食性で2つ以上の栄養段階に属しており，季節や成長段階によって栄養段階を変える生物も少なくない。高次の栄養段階の生物ほど利用できるエネルギー総量（餌）が減少していくので個体数は少なくなる。

そのため，ある一定以上の高次の栄養段階では，個体群の生活が維持できないので栄養段階は4～5段階止まりである。

また，一般的に高次の栄養段階の生物はエネルギー効率がよく，体が大形である。

（5） 生物量のピラミッド

各栄養段階の生物体の生産重量は，高次の栄養段階の生物ほど量が少なくなっている。その量を栄養段階順に積み上げるとピラミッド形になるので，これを生物量のピラミッドといい，その詳細を図2-64に示す。

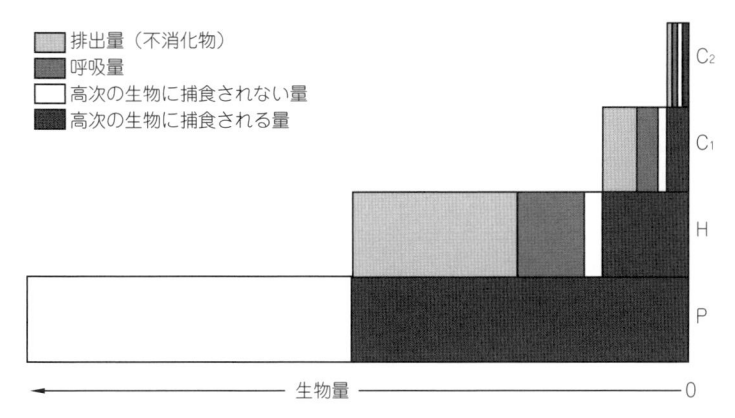

凡例：
- 排出量（不消化物）
- 呼吸量
- 高次の生物に捕食されない量
- 高次の生物に捕食される量

植物（P），植食動物（H），第一次肉食動物（C_1），第二次肉食動物（C_2）となるにつれて生物量が急減する。食物連鎖の栄養段階

図2-64　生物量のピラミッド

（6） 植物の物質生産

緑色植物（生産者）が植物体の水分を除いた乾燥物質量の生産過程と，その結果として生じた量を物質生産という。緑色植物は光合成によって無機物から有機物を生産し，生態系内に物質とエネルギーを取り込んでいる。植物の生産した有機物の総量を総生産量という。このうち多くは植物の呼吸で消費されるので，生産者がつくり出した実際の生産量を純生産量といい，次のように表される。

　　　純生産量（PN）＝ 総生産量（PO）－ 呼吸量（R）

植物が成長する過程で，葉や枝が枯れたり，動物に被食されたりするので，実際の成長量は次のようになる。

　　　成長量 ＝ 純生産量 －（枯死量 ＋ 被食量）

いろいろな生態系での物質生産量は，表2-16に示すように森林の生産量が最も多い。

表2-16　いろいろな群系の物質生産量

生態系の種類（群系）	面積 （×10^6km²）	純生産量(乾量)		現存量(乾量)	
		平均 （t/ha/年）	総量 （10^9t/年）	平均 （t/ha）	総量 （10^9t）
森　　林	57.0	14	79.9	298.8	1700
熱帯多雨林	17.0	22	37.4	450	765

雨緑樹林	7.5	16	12.0	350	260
常緑広葉樹林	5.0	13	6.5	350	175
落葉広葉樹林	7.0	12	8.4	300	210
亜寒帯林	12.0	8	9.6	200	240
疎林・低木林	8.5	7	6.0	60	50
草　原	24.0	7.9	18.9	32.7	74
サバンナ	15.0	9	13.5	40	60
温帯草原	9.0	6	5.4	16	14
荒　原	50.0	0.56	2.77	3.6	18.5
耕　地	14.0	6.5	9.1	10	14
沼地・沼沢	2.0	30	6.0	150	30
湖沼・河川	2.0	4	0.5	0.2	0.05
陸地の合計	149	7.82	117.5	122	1837
海洋の合計	361	1.55	55.0	0.1	3.9
地球全体	510	3.36	172.5	36	1841

（7）物質の循環

　生態系の中で緑色植物が生産した炭水化物・タンパク質・脂質などの有機物は動物によって消費される。一方，植物や動物の遺体は無機物に分解され，再びそれらの無機物は緑色植物により吸収され，有機物が合成される。このように物質は生態系内を循環している。

a．炭素（C）の循環

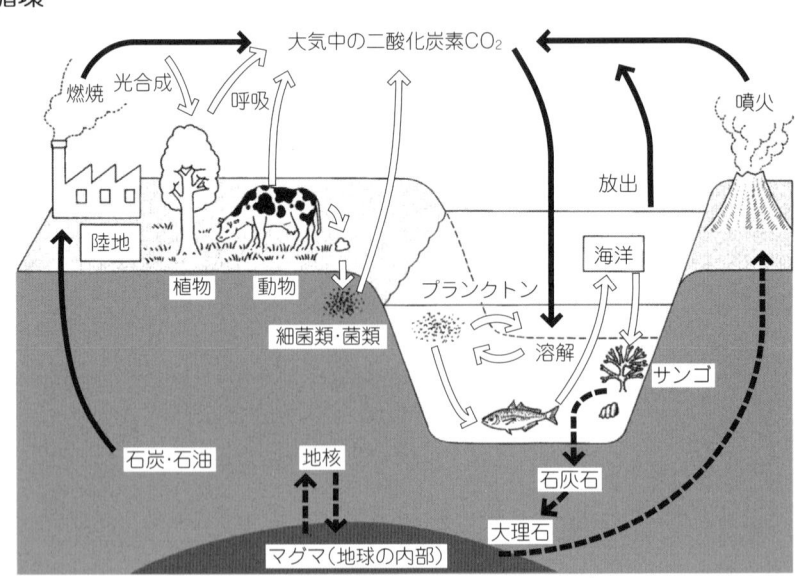

　生物体の構成元素として重要な炭素（C）は，大気中の二酸化炭素（CO_2）として存在している。このCO_2は図2－65のように緑色植物の光合成で同化され，有機物となって生物界に取り込まれる。この炭素は生物の呼吸や遺体の分解などに

矢印で，⇒ は生物に関するもの，→ はそれ以外のもの。

石炭・石油などの化石燃料の生成の過程については，この図ではふれていない。現在の炭素の循環だけを示している。

図2－65　炭素の循環

よって再び CO_2 として大気中に放出される。放出される CO_2 量は植物が同化する量とほぼ等しく，生態系内の CO_2 量はほとんど変わらず，大気中に常に0.03％に保たれている。しかし，地質時代の同化産物が地中に埋蔵され，石炭や石油になっていたが，人類が燃料として使用するとともに森林の乱伐により植物の CO_2 吸収が減少し，大気中の CO_2 濃度が次第に増加し，それが原因で地球の温暖化が進むことが問題となっている。

b．窒素（N）の循環

窒素（N）はタンパク質や核酸などの構成元素で，核酸・リン脂質など重要な物質をつくる。Nは大気中に79％も含まれているが，これを利用できるのは根粒菌などの少数の生物しかいない。また，ごく一部は雷や空中放電が起きると大気中のNが硝酸塩となり，雨水に溶けて土中に入り，植物に吸収される。多くの植物は，生物の遺体や排出物（尿）が土壌微生物によって分解されたアンモニウム塩（$-NH_4^+$）や硝酸塩（$-NO_3^-$）の形で吸収する。吸収されたNは，窒素同化作用によってタンパク質が合成される。植食動物は植物を食べて消化吸収しタンパク質を再合成する。肉食動物は他の動物を食べてタンパク質を再合成する。これらの動物が排出した尿や生物遺体は再び細菌や菌類などの分解者に分解され，アンモニウム塩となり植物に吸収されNは循環している。また，脱窒素細菌は硝酸塩や亜硝酸を還元してNを遊離し，空気中に放出する。この働きを脱窒素作用という。図2-66に生態系における窒素の循環を図示する。

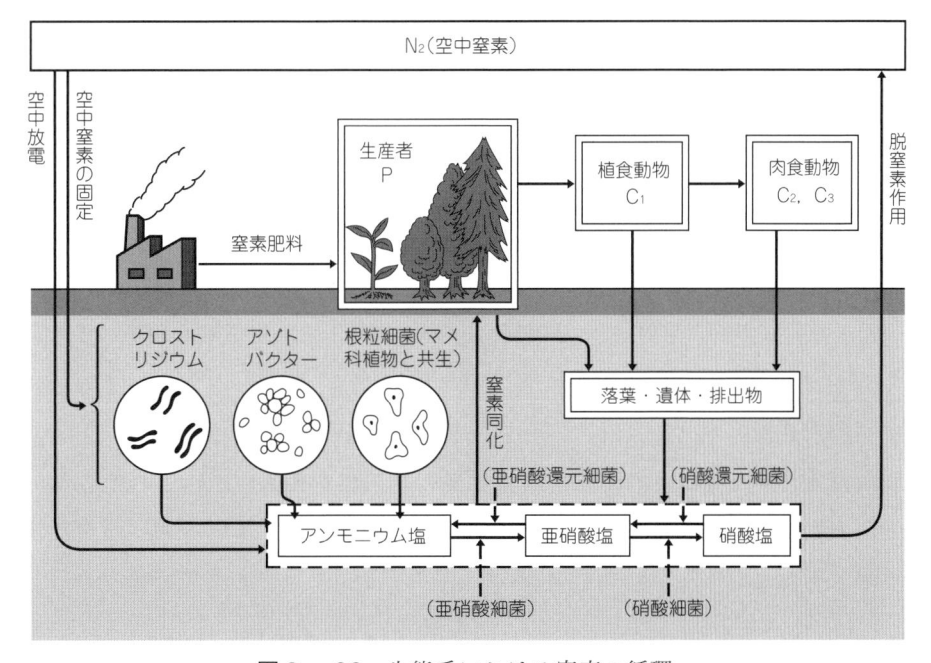

図2-66 生態系における窒素の循環

c．その他の元素の循環

植物の栄養として必要なリン（P）・カリウム（K）・カルシウム（Ca）などは，岩石中に含まれていたものが風化して土壌中にいろいろな形で存在している。植物はこれらの養分を吸収し，それを動物が食べて動物体に移動する。生物遺体は分解者によって無機物に分解され再び植物に吸収される。

（8）エネルギーの流れ

どのような規模の生態系にも，系に入り，系の中を巡回し，系から出ていくエネルギーと物質の流れがある。

生態系の中で食物連鎖に伴ってエネルギーが移行する。エネルギーの流れは図2－67に示すように，最初は生態系内に到達した太陽の光エネルギーが光合成によって植物体内へ取り込まれる。このエネルギーの一部は呼吸によって熱エネルギーとなって放出されたり，食べられて第一次消費者に移行する。残りの大部分は遺体となり分解者の体内に取り込まれ，その呼吸によって熱エネルギーとして放出される。一次消費者が取り込んだエネルギーは，呼吸と食べられることで高次の消費者に移行し，同じ過程でエネルギーは消費される。

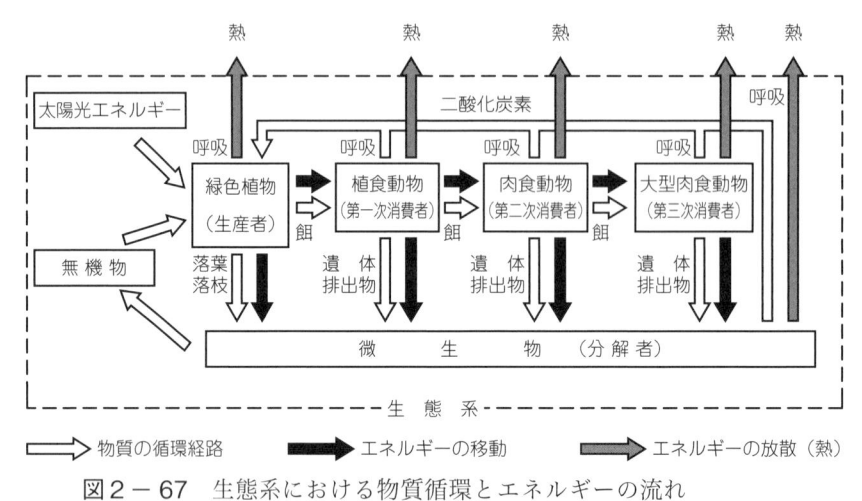

図2－67　生態系における物質循環とエネルギーの流れ

このように生態系に取り込まれた太陽の光エネルギーは，食物連鎖によって次々と高次の栄養段階に移行し，それぞれ生物の生活活動に利用され種属が維持されている。最終的には呼吸などにより熱エネルギーとして生態系から放出され，エネルギーの流れは一方的で循環することはない。

第2章の学習のまとめ

- 植物の一生は，茎・葉・根などの栄養器官を形成する栄養成長期と，生殖器官である花を形成し開花・結実する生殖成長期に大別される。しかし，木本植物などのように，両成長期が併行するものもある。
- 植物の一生を，生育期間の長さをもとに分類すると，1年生植物（越冬1年生植物を含む），2年生植物，多年生植物の3つのグループに大別される。
- 種子の発芽には，水・温度・酸素と，植物の種類によっては光が必要である。
- 種子の休眠は，種皮や胚の状態，発芽抑制物質の存在が原因で起こる。
- 木本類では，夏から秋にかけて形成された冬芽は冬の低温によって休眠が打破され，翌春発芽（萌芽）する。これには，日長や植物ホルモンも関係する。
- 植物の成長は，「①細胞の分裂，②細胞の成長，③分化」の3過程により成り立っている。
- 細胞分裂は，頂端分裂組織（茎や根），節間分裂組織（イネ科植物の節間），側部分裂組織（形成層）で行われ，それに続く部位で細胞の成長と分化が進行する。
- 芽生えは，インゲンマメやモミジなどのような地上子葉型のものと，エンドウやフジなどのような地下子葉型のものがある。
- 植物の成長は，成長初期と末期は緩やかであるが，中期は急激に進み，S字状の成長曲線を示す。
- 植物の成長は，水・光・温度・無機養分・植物ホルモンなどによって影響を受ける。
- 植物ホルモンには，オーキシン・ジベレリン・サイトカイニン・エチレン・アブシジン酸があり，これらが単独に，また相互に作用しあって植物の成長を調節している。また，これら5つを植物ホルモンとしてきたが，近年ブラシノステロイド，ジャスモン酸なども植物モルモンに加えることがある。
- 植物の花芽の分化や発達は，連続した夜間の長さや温度によって影響を受ける。前者を日長効果（光周性），後者を春化（バーナリゼーション）と呼んでいる。
- 光合成は，太陽の光エネルギーを用い，二酸化炭素と水から葉緑素の働きで，炭水化物を合成する働きである。
- 光合成は，光の強さの増大に伴って盛んになり，それ以上光が強くなっても光合成は増大しなくなるが，このときの光の強さを光飽和点という。
- 光合成は，光飽和点までは光の強さが，光飽和点以降は大気中の二酸化炭素濃度が限定要因になっている。
- 比較的弱い光で光飽和点に達するものを陰生植物といい，強光下で光合成の盛んなものを陽生植物という。
- 大気中の二酸化炭素量は約0.03%であるが，0.12〜0.18%までは濃度を高めると，光合成は盛んに行われる。

- 一般に，低緯度原産の植物は比較的高温で，高緯度原産の植物は低温で光合成は盛んに行われる。
- C_3 植物では二酸化炭素は炭素数5つの物質と結合して，すぐに炭素数3つのリングリセリン酸になり，C_4 植物は炭素数3つの物質と結合して炭素数4つのオキザロ酢酸になる。
- 呼吸作用は炭水化物を分解し，エネルギーを得るための働きであり，これには炭水化物の分解に酸素を用いる好気呼吸と，酸素を用いない嫌気呼吸とがある。
- 好気呼吸は，「①解糖過程，②クレブス（TCA）回路，③水素伝達系，④エネルギーの放出」の4過程から成り立っている。
- 呼吸作用は，酸素と温度によって規制される。
- 光合成は炭水化物を合成する働きであり，呼吸作用はこれと反対に炭水化物を分解する働きである。この両者の差（物質生産量）の大きいことが植物の生活にとって望ましい。
- 光合成と呼吸作用は，植物の体内で行われているいろいろな物質代謝の中心的な位置を占めている。
- 植物は，約80％の水を含んでいる。
- 植物に含まれている水は，細胞の構成要素として，また，物質代謝や物質の体内移動に重要な役割を持っている。
- 吸水は主として根毛で行われ，細胞内に入った水は，根の内部に移動して導管に入り，茎から葉の導管に水柱となって連なり，大部分は気孔から蒸散により大気中に放出される。
- 土壌水分が多くなって土壌空気が不足してくると，根は呼吸困難に陥り，甚だしいときは湿害を生じる。
- 植物の必須要素は，「炭素・水素・酸素・窒素・イオウ・リン・カルシウム・カリウム・マグネシウム・鉄・マンガン・ホウ素・亜鉛・銅・モリブデン・塩素・ニッケル」の17元素で，このうち，「窒素・イオウ・リン・カルシウム・カリウム・マグネシウム」は多量要素，「鉄・マンガン・ホウ素・亜鉛・銅・モリブデン・塩素・ニッケル」は微量要素と呼ばれている。
- 養分吸収は，根の若い部分で盛んに行われ，根の呼吸作用と深いかかわりを持っている。
- 養分吸収は，温度・光・酸素・土壌酸度・養分間の相互作用によって影響を受ける。
- 養分の欠乏症状は，窒素・リン・カリウム・マグネシウム・亜鉛・モリブデンは古い葉に，カルシウム・イオウ・鉄・マンガン・銅・ホウ素・塩素は新しい葉に現れる。
- 植物は，フッ化水素・オキシダント（オゾン・PANなど）・二酸化イオウ・二酸化窒素などの大気汚染によって障害を受け，葉に特有の被害症状を生ずる。
- 障害には，被害症状の現れる可視的障害と，光合成や呼吸などへの生理的な不可視的障害とがある。

- 気象災害には，温度に関係するもの（低温・高温），降雨に関係するもの（雨害・湿害・干害・雪害）などがある。
- 種は植物分類学上の基本単位で，その上下にいくつかの分類階級がある。
- 学名は万国共通の種名で，ラテン語で表記する。
- 各国の国語でつけられた種名を普通名といい，日本では和名という。
- 同種の個体からなる地域集団を個体群，多くの種個体群の集まりを群集，植物の場合は群落という。また，群落分類上，種組成から分類されたものを群集という。
- 植物群落を外から見たときの特徴を相観といい，それをもとに分類したものを群系という。
- 植物の環境要因には非生物的環境要因と生物的環境要因がある。その間には作用・反作用・相互作用がある。
- 植物の最も生育がよい温度範囲を最適温度範囲という。また，植物の生育地には生理的最適域と生態的最適域がある。
- ラウンケルの生活形は，休眠芽の位置によって分類し，その組成はその地域の環境に対応している。
- 植物は水分条件で水生植物と陸生植物に区分し，日なたの植物を「陽生植物」，日陰の植物を「陰生植物」という。
- 同種又は異種の複数個体が空間・光・無機養分・水・二酸化炭素など生活に必要な資源に対して共通の要求を持ち，これらの資源を奪い合い，相手に対して負の影響を与える相互作用を競争という。
- 競争は同種個体間の種内競争と異種個体間の種間競争に分けることができる。
- 群落における植物の垂直的な配列構造を階層構造といい，植物群落は階層構造を持つ。
- 植物群落が時間の経過に伴って別の群落に変化することを遷移といい，一次遷移・二次遷移・退行遷移がある。
- 気温や降雨量など環境要因によって決定される植物群落の分布を生態分布といい，水平分布と垂直分布がある。
- 水平分布は，緯度によって変化する気温と降水量差によって決定する。
- 垂直分布は，海抜が高くなるほど気温が低下するので，海抜高度差によって決定する。
- ある地域の生物群集とそれをとりまく非生物的環境をひとまとめにした1つの機能的なシステムを生態系という。
- 生態系の構成要素は生物的要素と非生物的要素からなる。
- 生産者や消費者間の「食う－食われる」の関係を食物連鎖といい，各構成者を栄養段階という。安定した生態系では下位栄養段階の生物ほど生物量が多く，全体としてピラミッド型になり，これを生物量ピラミッドという。

- 植物の物質生産は，
    純生産量＝総生産量－呼吸量
    成長量＝純生産量－（枯死量＋被食量）
  で表す。
- 自然界の物質は，生産者→消費者→分解者の体内を移動し，自然界に戻り再び生産者に吸収され生態系内を循環する。これを物質循環と呼ぶ。
- 生態系内に入った太陽の光エネルギーは，食物連鎖を通じて生物体内を移動し，エネルギーの流れは循環することなく一方的な流れとなっている。

【練 習 問 題】

1．植物は38億年という地球上の生命の長い歴史の中で分化し，多種多様な形態や機能を持つさまざまな種（species）を作り出してきた。また，種は分類学上の基本単位である。種の概念を述べなさい。

2．次の学名はキンキマメザクラの学名であるが表記上の間違いが３箇所ある。その間違っているところに下線を引き，間違いを訂正しなさい。
　　prunus incisa Thunb. subsp *kinkiensis* kitamura

3．次の文は植物の名前について述べたものである。次の（　）に最も適切な用語を答えなさい。
　（1）　植物分類学では植物の類縁関係を表すために（　①　）をつくり，植物界の体系を表している。（　①　）は種より上位に属・（　②　）・目・綱・（　③　）・界が設定されている。
　（2）　種以下の（　①　）は順に（　④　）・変種，（　⑤　）に区分されている。（　⑤　）は小さな変異（花冠や果実の色）に用いられ，園芸上の変種は大部分がこれに当たる。
　（3）　新しい種が見つかった場合，（　⑥　）に従って学名をつけ記載発表すれば新種とされる。その際に基準となる唯一の標本を定めなければならない。この標本を（　⑦　）といい，公の植物標本館に永久保存することが義務づけられている。
　（4）　植物の学名は（　⑧　）語を使い，（　⑨　）と（　⑩　）と命名者からなる。（　⑨　）はその植物の所属を表し，（　⑩　）はその特徴を表している。この方法を（　⑪　）法という。
　（5）　各国の植物にそれぞれの国語で固有の名前が付けられているが，この名前を（　⑫　）という。日本語の（　⑫　）を（　⑬　）という。（　⑬　）のつけ方には特別な（　⑭　）はない。図鑑や植物誌で使われていて，最もよく通用している植物名を（　⑮　）といい，これとは異なり各地方で使われている植物名を（　⑯　）という。

4．次の文は植物の集団について述べたものである。次の（　）にあてはまる最も適切な用語を答えなさい。
　（1）　ある空間を占める同種個体の集まりを（　①　）といい，多種が共存する集団を（　②　）という。
　（2）　ある地域に生育している植物の集団を（　③　）といい，その中で何らかの基準によって

区分され，他とは互いに区別できるようなまとまりを持つ植物集団を（ ④ ）という。植物集団の中で量的に多い種を（ ⑤ ）という。

（3） まとまりを持つ植物集団を外から見たときの特徴を（ ⑥ ）といい，いくつかの要因で区別されている。季節による変化では常緑樹林と（ ⑦ ），量的に多い種の葉の形で区分すると針葉樹林と（ ⑧ ）に分けられる。

（4） （ ⑥ ）によって分類したものを（ ⑨ ）といい，（ ⑩ ）は問題にせず1つの大陸又はそれに近い地域内で同じような気候条件・立地条件で見られる一定の（ ⑥ ）を持つ大きな（ ④ ）をいう。

（5） 植物と動物は別々の集団をつくっているが，互いに一体となって生活している。このような植物と動物が共存している集団を（ ⑪ ）という。

（6） ある地域に住むすべての生物と生物の生活に関与する環境を含めた機能系を（ ⑫ ）という。

5．次の文は植物と環境要因のかかわりについて述べたものである。次の（ ）にあてはまる最も適切な用語を答えなさい。

（1） 無機的環境から植物に働きかけ，その生活に何らかの影響を与えることを（ ① ）といい，植物が無機的環境に働きかけ，影響を与えることを（ ② ）という。植物同士の働き合いを（ ③ ）という。

（2） 植物が1年間に一定量以上の生活をするには一定以上の積算温度が必要で，月平均気温5℃以上の各月の平均気温からそれぞれ5℃を引いた残りの値を加え合わせたものを（ ④ ）という。照葉樹林の（ ④ ）の値は（ ⑤ ）である。

（3） 月平均気温5℃以下の各月の平均気温と5℃の差を合計した値にマイナスをつけたものを（ ⑥ ）という。

（4） 水生植物のうち，根が水底にあって葉も水中にある植物を（ ⑦ ）といい，根が水底にあって葉が水面に浮かんで生活している植物を（ ⑧ ）という。陸生植物で適湿な土壌に生育する植物を（ ⑨ ）という。

（5） 海岸や河口など塩分濃度の高い土地に生育する植物を（ ⑩ ）といい，陸生植物で砂漠や砂丘などの乾燥地に生育する植物を（ ⑪ ）という。

（6） ラウンケルの生活形の区分で休眠芽の高さが地上2～8mにつくものを（ ⑫ ）といい，休眠芽が地上30cmまでにあるものを（ ⑬ ）いう。

（7） ラウンケルの生活形の区分で各地域の特徴を見ると，熱帯では（ ⑭ ）植物が多く，温帯では地中植物や（ ⑮ ）植物が多い。乾季が長く降水量の少ない地域では（ ⑯ ）の占める割合が高い。

（8） 日なたを好んで生育する植物を（ ⑰ ）植物といい，日陰で生活する植物を（ ⑱ ）

植物という。
（9） 日なたに生じる葉を（ ⑲ ）といい，小型で厚く，（ ⑳ ）組織が発達する。

6．次の文は植物の相互作用について述べたものである。次の（ ）に最も適切な用語を答えなさい。
（1） 植物が生産して排出する化学物質が，同種・異種・動物に及ぼす作用を（ ① ）という。
（2） 植物は密度が高くなるほど種内競争が激しくなり，個体重や種子生産量が減少するなどの形質の変化が現われる。この現象を（ ② ）という。また，競争の結果，成長の遅れた個体は自然に枯死していく。この現象を（ ③ ）という。
（3） 同種の同齢個体群で密度のみ変化させて栽培すると，成長初期では単位面積当たりの個体群の全重量は大差がある。しかし，十分に成長すると，密度の大小によらず全重量はほぼ一定の値となる。これを（ ④ ）という。
（4） 植物が競争のない場合その植物が最大の成長を示す生育場所を（ ⑤ ）といい，競争の結果最適域よりずれて生育している場所を（ ⑥ ）という。
（5） 群落における植物の垂直的な配列構造を（ ⑦ ）という。森林群落の（ ⑦ ）は，（ ⑧ ）・亜高木層・低木層・（ ⑨ ）・コケ層に分けられる。（ ⑦ ）は群落における植物の垂直的な（ ⑩ ）をもたらすことにより種類数を豊かにする傾向がある。

7．次の文は植物群落の遷移について述べたものである。次の（ ）に最も適切な用語を答えなさい。
（1） 地質学的な長い年代の経過に伴う種の絶滅と新しい種の交代による遷移を（ ① ）といい，火山爆発でできた溶岩流の上や洪水・崖崩れ・地滑り・山火事・森林伐採などでできた（ ② ）に植物が侵入し，植物群落が生じてその群落が変化していく遷移を（ ③ ）という。
（2） 火山爆発でできた溶岩上や隆起してできた島で植物や土壌が全く生育してない（ ② ）から始まる遷移を（ ④ ）といい，自然現象や人為的に植物群落が（ ⑤ ）されたあとに始まる遷移を（ ⑥ ）という。
（3） 陸上での遷移を（ ⑦ ）といい，湖沼や河川など水中からから始まる遷移を（ ⑧ ）という。
（4） （ ⑦ ）は一般的に次のような過程ををとる。
地衣類・（ ⑨ ）類→1年草本→越年生草本→（ ⑩ ）→低木林→（ ⑪ ）→混合林→（ ⑫ ）
（5） （ ⑧ ）は一般的に次のような過程ををとる。
植物プランクトン→沈水植物→（ ⑬ ）→浮葉植物→挺水植物→（ ⑭ ）→中生植物→

低木林→（ ⑪ ）→混合林→（ ⑫ ）

（6） ある地域の植物群落の構成種が時間の経過とともに変化し，他の群落に置き換わっていき，これ以上遷移が進行しない安定した群落の状態を（ ⑮ ）という。

（7） 外部からの力が働き，時間とともに群落が単純になる逆方向の遷移を（ ⑯ ）という。

8．次の（ア）〜（オ）の植物は伊豆大島の火山砂礫地の植物群落の構成種である。遷移していく順に記号で答えなさい。また，この遷移の特徴を答えなさい。

（ア） ハチジョウススキ，シマノガリヤス
（イ） アカメガシワ，エゴノキ，オオシマザクラ
（ウ） スダジイ，タブノキ，シロダモ
（エ） オオバヤシャブシ，ハコネウツギ
（オ） ハチジョウイタドリ，シマタヌキラン

9．下記の①〜⑩の各群系の特徴を下の@〜①の中から選び，記号で答えなさい。

群系　① 針葉樹林　② 熱帯多雨林　③ サバンナ　④ 雨緑樹林
　　　⑤ 照葉樹林　⑥ 夏緑樹林　⑦ 砂漠　⑧ ステップ
　　　⑨ 硬葉樹林　⑩ ツンドラ

特徴　ⓐ イネ科草本が主体で，木本が散在する。
　　　ⓑ 雨期と2〜4ヶ月の乾季があり，乾季は落葉する。
　　　ⓒ 主として冬に雨が降り夏は乾燥して，小型でかたい葉を持つ。
　　　ⓓ 構成種が多く，着生植物やツル性植物が多い。
　　　ⓔ 冬は落葉する。
　　　ⓕ きびしい乾燥が原因で，植物がまばらに生育する。
　　　ⓖ 葉は針状でほとんどが常緑であるが，雨量の少ないところでは落葉する。
　　　ⓗ 葉は厚く表面にクチクラ層が発達する。
　　　ⓘ イネ科草本が主体で，木本はほとんど存在しない。
　　　ⓙ 寒さが原因で，草本，矮性低木，地衣類，コケ類などが生育する。

10．次の文は植物の分布について述べたものである。次の（ ）に最も適切な用語を答えなさい。

（1） 現在の環境条件によって支配される植物群落の分布を（ ① ）といい，主な環境要因は（ ② ）と（ ③ ）である。

（2） 地球表面を平面的に見た植物分布を（ ④ ）といい，海抜高度や水深からみた植物分布を（ ⑤ ）という。

（3） 日本では海抜高度が100m 上昇すると（ ③ ）は約（ ⑥ ）下がる。

(4) 本州中部では海抜高度が低い方から順に低地帯（照葉樹林），（ ⑦ ）（夏緑樹林），（ ⑧ ）（針葉樹林），高山帯（針葉低木林，（ ⑨ ））に区分されている。夏緑樹林の代表種は（ ⑩ ）とミズナラ，針葉樹林はシラビソと（ ⑪ ），針葉低木林は（ ⑫ ）である。針葉樹林帯の海抜範囲は1500〜（ ⑬ ）mで，その上部は主に寒さによって森林が発達しなくなり，その境界を（ ⑭ ）という。

11. 次の文は生態系のつくりについて述べたものである。次の（ ）に最も適切な用語を記入しなさい。

    (1) 光合成植物や化学合成生物など有機物をつくり出すことができる生物を（ ① ）栄養生物といい，（ ② ）者と呼ばれる。つくられた有機物は生態系内の他の生物の餌になる。有機物を直接又は間接に使って生活する（ ③ ）栄養生物は（ ④ ）者とよばれ，（ ② ）者を食べる（ ⑤ ）動物を（ ⑥ ）者といい，それを食べる（ ⑦ ）動物を（ ⑧ ）者という。生物の遺体や排泄物を無機物に分解する微生物を（ ⑨ ）者という。

    (2) 食う−食われるの関係によって鎖状につながっているようすを（ ⑩ ）という。（ ⑩ ）は独立したものではなく，多くの動物は1種類を食うだけではなく（ ⑪ ）又は，多食性なので，生態系全体の（ ⑩ ）は複雑な網目状の構造となるため，これを（ ⑫ ）という。

    (3) 各栄養段階の生物量は，各段階の生物によって有機物が消費されるので，（ ⑬ ）の栄養段階ほどその量が少なくなっている。その量を栄養段階順に積み上げると（ ⑭ ）形になる。このような図を（ ⑮ ）という。

12. 次の文は生態系内の植物の物質生産について述べたものである。次の（ ）にあてはまる最も適切な用語を下の語群から選び，記号で答えなさい。

    (1) 緑色植物の物質生産の基礎は，（ ① ）による（ ② ）から（ ③ ）の生産である。植物の生産した（ ③ ）の総量を（ ④ ）という。これから植物の呼吸で消費された分を差し引いた値を（ ⑤ ）という。（ ⑤ ）から（ ⑥ ）や動物に被食された分を差し引いた値が（ ⑦ ）である。この（ ⑦ ）が植物体の各器官の成長に分配される。

    語群　ⓐ 純生産量　ⓑ 成長量　ⓒ 光合成　ⓓ 有機物
    　　　ⓔ 総生産量　ⓕ 無機物　ⓖ 落枝，落葉

13. 次の文は生態系の物質循環について述べたものである。次の（ ）に最も適切な用語を記入しなさい。

    (1) 大気中の二酸化炭素（CO_2）は（ ① ）などの生産者によって有機物に合成され生物界に取り込まれる。食物連鎖を通して有機物は生産者から消費者へ移動し，それぞれの（ ②

）や遺体の分解などによって再びCO_2として大気中に戻る。地質時代の有機物が地中に埋蔵され，石炭や石油になっていて，人類が（ ③ ）として使用し，それらが燃焼してCO_2に戻る。そのため，大気中にCO_2が増加し地球の（ ④ ）が進むことが問題になっている。

（2） 大気中の窒素はマメ科植物の根に寄生する（ ⑤ ）や土壌中の（ ⑥ ）やクロストリジウム，ラン藻類によって固定される。

（3） 植物は土壌中の（ ⑦ ）や硫酸塩を吸収し，吸収された窒素は（ ⑧ ）作用によってアミノ酸を合成し，それをもとにタンパク質が合成される。合成されたタンパク質は食物連鎖を通して循環する。

（4） （ ⑨ ）が起きると大気中の窒素が硝酸塩となり，雨水にとけて土中に入り，植物に吸収される。

（5） 生物遺体や排出物は細菌や菌類などの分解者に分解され（ ⑦ ）になる。（ ⑦ ）は（ ⑩ ）と硝酸菌によって硝酸塩にかわり，植物に吸収され窒素は循環している。

（6） 硝酸塩は（ ⑪ ）細菌によって還元され窒素を遊離し，空気中に放出する。

【練習問題の解答】

〔第1章〕

1. 核膜がなく，デオキシリボ核酸が細胞質中にあり，リボソームは存在するが，ミトコンドリア，小胞体，ゴルジ体，葉緑体などがない。

2. ①細菌，②原核細胞，③真核細胞，④ミトコンドリア，⑤葉緑体，⑥リボソーム，⑦ゴルジ体，⑧核，⑨細胞膜，⑩小胞体

3. ①頂端分裂組織，②成熟組織（永久組織），③柔組織，④機械組織，⑤厚角組織，⑥厚壁組織，⑦通気組織，⑧水生，⑨同化組織，⑩通導組織，⑪貯蔵組織，⑫表皮組織，⑬導管，⑭篩管

4. ①シュート，②茎頂，③頂芽，④側芽，⑤花芽，⑥葉芽，⑦腋芽，⑧休眠芽，⑨越冬芽（冬芽），⑩潜伏芽

5. ①根系，②主根系（直根系），③乾燥した（乾性），④ひげ根系，⑤湿った（湿性），⑥幼根，⑦主根（直根），⑧サクラジマダイコン（桜島大根），⑨モリグチダイコン（守口大根），⑩根冠，⑪寄生根，⑫不定根，⑬挿し木，⑭呼吸根，⑮貯蔵根，⑯塊根，⑰いも

6. ①節，②節間，③1年生，④多年生，⑤直立茎，⑥ほふく茎，⑦巻きつき茎，⑧よじ登り茎，⑨塊茎，⑩鱗茎，⑪離層，⑫真正中心柱，⑬不整中心柱，⑭コルク形成層，⑮コルク組織，⑯コルク皮層，⑰年輪，⑱春材，⑲夏材（秋材），⑳靱皮

7. ①子葉，②単葉，③複葉，④羽状複葉，⑤掌状複葉，⑥二又脈（叉状脈），⑦網状脈，⑧平行脈，⑨托葉，⑩葉鞘，⑪花葉，⑫低出葉，⑬高出葉，⑭全縁，⑮鋸歯，⑯欠刻

8. ①種子，②節間，③輪生，④がく，⑤合片がく，⑥離片がく，⑦アントシアン，⑧合弁花冠，⑨離弁花冠，⑩同花被花，⑪異花被花，⑫無花被花，⑬二強雄ずい，⑭四強雄ずい，⑮被子，⑯子房，⑰裸子，⑱珠心，⑲珠皮，⑳卵細胞，㉑極核，㉒無限花序，㉓有限花序，㉔単一花序，㉕複合花序，㉖総穂花序，㉗集散花序

9. ①真果，②中，③偽果，④乾果，⑤液果，⑥被子，⑦裸子，⑧球状果（毬果），⑨種皮，⑩単果，⑪集合果，⑫複合果，⑬内乳，⑭胚軸，⑮幼芽，⑯有胚乳種子，⑰無胚乳種子

[第2章]
1．種の一般的な定義は次のとおりである。(順不同)
　①種は個体又は個体群の集まりである。
　②個体群は変異する傾向があり，個体変異と突然変異がある。
　③形態的な類似性を持ち，重要な基礎的形質は共通し区別できない。
　④地理的に一定の分布域を持つ。
　⑤一般的に染色体数や核型が同じで，一定の遺伝的組成を持つ。
　⑥個体間で自由に交配が可能で，交配でできた子も子孫をつくる能力がある。

2．*Prunus incisa* Thunb. *subsp. kinkiensis* Kitamura
　①属名の頭文字は大文字で書く。
　②省略してあるので．が必要である。
　③命名者の頭文字は大文字で書く。

3．①分類階級，②科，③門，④亜種，⑤品種，⑥国際植物命名規約，⑦タイプ標本（正基準標本），⑧ラテン，⑨属名，⑩種小名，⑪二名，⑫普通名（国名），⑬和名，⑭規則，⑮標準和名，⑯俗名（方言名）

4．①個体群，②群集，③植生，④群落，⑤優占種，⑥相観，⑦夏緑樹林（落葉樹林），⑧広葉樹林，⑨群系，⑩構成種，⑪生物共同体，⑫生態系

5．①作用（環境作用），②反作用（環境形成作用），③相互作用（生物相互作用），④暖かさの指数（温量指数），⑤85～180，⑥寒さの指数，⑦沈水植物，⑧浮水植物，⑨中生植物，⑩塩生植物，⑪乾生植物，⑫小型地上植物，⑬地表植物，⑭地上，⑮半地中，⑯1年草，⑰陽生，⑱陰生，⑲陽葉，⑳柵状

6．①他感作用（アレロパシー），②密度効果，③自然間引き（自己間引き），④最終収量一定の法則，⑤生理的最適域，⑥生態的最適域，⑦階層構造，⑧高木層，⑨草本層，⑩住み分け

7．①地史的遷移（地質学的遷移），②裸地，③生態遷移，④一次遷移，⑤破壊，⑥二次遷移，⑦乾性遷移，⑧湿性遷移，⑨コケ，⑩多年生草本，⑪陽樹林，⑫陰樹林，⑬浮水植物，⑭湿生植物，⑮極相（クライマックス），⑯退行遷移

8. （オ）→（ア）→（エ）→（イ）→（ウ）
   遷移の特徴　1年生草本の時期を欠いている。

9. ①-ⓖ，②-ⓓ，③-ⓐ，④-ⓑ，⑤-ⓗ，⑥-ⓔ，⑦-ⓕ，⑧-ⓘ，⑨-ⓒ，⑩-ⓙ

10. ①生態分布，②降水量，③気温，④水平分布，⑤垂直分布，⑥0.6℃，⑦山地帯，⑧亜高山帯，⑨高山草原，⑩ブナ，⑪オオシラビソ，⑫ハイマツ，⑬2500，⑭森林限界

11. ①独立，②生産，③従属，④消費，⑤植食，⑥一次消費，⑦肉食，⑧二次消費，⑨分解，⑩食物連鎖，⑪雑食性，⑫食物網，⑬高次，⑭ピラミッド，⑮生物量のピラミッド

12. ①-ⓒ，②-ⓕ，③-ⓓ，④-ⓔ，⑤-ⓐ，⑥-ⓖ，⑦-ⓑ

13. ①緑色植物，②呼吸，③燃料，④温暖化，⑤根粒菌，⑥アゾトバクター，⑦アンモニウム塩，⑧窒素同化，⑨空中放電（雷），⑩亜硝酸菌，⑪脱窒素

索　引

英数字・記号

1年生植物 …………… 56
2年生植物 …………… 56
ＡＴＰ ………………… 75
C_3植物 ……………… 32
C_4植物 ……………… 32
CO_2飽和点 …………… 72
ＤＮＡ ………………… 7
ｐｐｂ ………………… 84

あ

暖かさの指数 ………… 99
アブシジン酸 ………… 67
アリューロン層 ……… 41
維管束形成層 ………… 21
維管束植物 …………… 3
維管束鞘 ……………… 32
異形葉 ………………… 27
一次遷移 ……………… 111
遺伝子 ………………… 7
陰性植物 ………… 72,104
永久組織 ……………… 10
栄養器官 ……………… 3
栄養成長期 …………… 55
栄養段階 ……………… 126
液果 …………………… 42
腋芽 …………………… 15
液胞 …………………… 9
エチレン ……………… 67
オーキシン …………… 63
オキシダント ………… 85
温度 …………………… 58
温量指数 ……………… 99

か

可給態養分 …………… 81
核 ……………………… 7
がく片 ………………… 31
可視光線 ……………… 63
果実 …………………… 42
可視的障害 …………… 86
花序 …………………… 39
花床 …………………… 33
花托 …………………… 33
仮導管（仮道管） …… 11
花葉 …………… 31,33,38
皮目 …………………… 23
乾果 …………………… 43
環境要因 ……………… 97
乾性遷移 ……………… 112
偽果 …………………… 42
機械組織 ……………… 12
器官 …………………… 14
寄生根 ………………… 17
拮抗作用 ……………… 82
休眠芽 ………………… 15
競争 …………………… 104
極相 …………………… 112
極相群落 ……………… 113
クロロシス …………… 84
群系 …………………… 96
群集 …………………… 95
群落 …………………… 96
茎針 …………………… 20
形成層 ………………… 21
形態種 ………………… 90
結果年齢 ……………… 55
原核細胞 ……………… 6
嫌気呼吸 ……………… 74
原形質 ………………… 7
高温障害 ……………… 87
厚角組織 ……………… 10
好気呼吸 ……………… 74
後形質 ………………… 7
光合成 ………………… 71
酵素 …………………… 73
厚壁組織 ……………… 10
合弁花冠 ……………… 35
呼吸根 ………………… 17
呼吸作用 ……………… 74
互生葉序 ……………… 29
個体群 ………………… 95
糊粉層 ………………… 41
コルク形成層 ………… 22
ゴルジ体 ……………… 8
根状葉 ………………… 31

さ

最適温度範囲 ………… 99
サイトカイニン ……… 66
細胞液 ………………… 9
細胞質基質 …………… 7
細胞内含有物 ………… 9
細胞壁 ………………… 9
細胞膜 ………………… 7
ザックスの組織系 …… 13
酸素 …………………… 59
篩管（師管） ………… 11
色素体 ………………… 8
篩細胞 ………………… 12
雌ずい ………………… 34,38
支柱根 ………………… 17
湿果 …………………… 42
湿性遷移 ……………… 113
指標植物 ……………… 85
ジベレリン …………… 65
ジャスモン酸 ………… 68
種 ……………………… 90
集合果 ………………… 42
柔組織 ………………… 10
シュート（苗条） …… 14
珠芽 …………………… 20
種間競争 ……………… 105
主根 …………………… 15
主根系 ………………… 15

種子	41
種子の休眠	59
種子の発芽	58
種内競争	104
種皮	41
樹皮	22
寿命	59
春化	70
蒸散作用	5
消費者	124
小胞体	8
植物群落の構造	108
植物の一生	55
植物の物質生産	127
植物ホルモン	63
食物網	125
食物連鎖	125
真果	42
真核細胞	6
伸長成長	61
心皮	38
垂直分布	117
水平分布	117
生活形	101
成熟組織	10
生産者	124
生殖器官	3
生殖成長期	55
生態系	97,123
生態系の構造	124
生態遷移	111
生態的最適域	106
生態分布	116
成長	63
生物共同体	97
生物的環境要因	98
生物量のピラミッド	127
生理的最適域	106
遷移	111
相観	96
相助作用	82
側芽	14
側根	15
促成軟化栽培	66
組織	9
組織系	13

た

退行遷移	115
他感作用（アレロパシー）	107
托葉	26
多肉果	42
多肉葉	31
多年生植物	56
単為結果	65
単為結実	42
単一花序	39
単一脈	28
単果	42,43
短日植物	69
短日処理	70
単面葉	27
短夜植物	69
単葉	27
地下茎	19
地史的遷移	111
地上茎	19
中性植物	69
頂芽	14
頂芽優勢	65
長日植物	69
長日処理	70
長夜植物	69
貯蔵根	17
貯蔵組織	12
地理的分布	116
通気組織	12
通導組織	11
低温障害	87
転流	81
同化組織	11
導管（道管）	11
等面葉	26

な

内乳	41
二酸化イオウ	86
二酸化窒素	86
二次篩部	21
二次成長	21
二次遷移	114
二次木部	21
日長効果	68
ネクロシス	84
のう（嚢）状葉	31

は

バーナリゼーション	70
胚	41
胚珠	38
発芽抑制物質	60
光	59
光飽和点	72
ひげ根系	15
被子植物	38
非生物的環境要因	97
肥大成長	21,61
表皮組織	11
ファンティーゲンの組織系	13
不可視的障害	86
複合果	42
複合花序	39
複葉	27
二又脈系	28
付着根	18
フッ化水素	84
物質代謝	77
物質の循環	128
ブラシノステロイド	67
分解者	124
分泌組織	12
分裂組織	9
閉果	42
平行脈系	28

変温…………………… 59	芽生え…………………… 61	葉性巻きひげ…………… 31
扁茎…………………… 20	網状脈系………………… 28	葉脈……………………… 27
変態……………………… 5		
補酵素………………… 81	**や**	**ら**
ま	有限花序………………… 39	裸子植物………………… 38
	雄ずい………………… 34,37	らせん葉序……………… 29
巻きひげ………………… 20	雄ずい群………………… 37	離層……………………… 23
水……………………… 58	有性生殖………………… 33	リソソーム……………… 8
ミトコンドリア………… 8	有胚乳種子……………… 41	離弁花冠………………… 35
脈系……………………… 27	葉柄……………………… 26	リボソーム……………… 8
無維管束植物…………… 3	葉序……………………… 29	両面葉…………………… 26
むかご………………… 20	葉状植物………………… 3	鱗芽……………………… 20
無機養分……………… 4,80	葉身……………………… 25	輪生葉序………………… 29
無限花序………………… 39	葉針……………………… 31	裂開果…………………… 42
無胚乳種子……………… 41	陽性植物……………… 72,104	

委員一覧

平成10年11月

＜監修委員＞

　松　岡　清　久　　財団法人　進化生物学研究所

＜執筆委員＞

　林　　　茂　一　　東京農業大学
　桝　田　信　彌　　東京農業大学

（委員名は五十音順，所属は執筆当時のものです）

厚生労働省認定教材	
認 定 番 号	第59051号
認 定 年 月 日	平成10年9月28日
改定承認年月日	平成23年2月9日
訓 練 の 種 類	普通職業訓練
訓 練 課 程 名	普通課程

植物学概論　　　　　　　　　　　　　　　　Ⓒ

平成10年12月 1日　初 版 発 行
平成23年 3月25日　改訂版発行
令和 2年 3月10日　4 刷 発 行

編集者　　独立行政法人　高齢・障害・求職者雇用支援機構
　　　　　職業能力開発総合大学校　基盤整備センター

発行者　　一般財団法人　職業訓練教材研究会

〒162-0052
東京都新宿区戸山1丁目15－10
電　話　03（3203）6235
FAX　03（3204）4724

編者・発行者の許諾なくして本教科書に関する自習書・解説書若しくはこれに類するものの発行を禁ずる。

ISBN978-4-7863-1118-5